第三届世界科研诚信大会论文集

Integrity in the Global Research Arena

尼古拉斯·斯特耐克
梅丽沙·安德森
萨宾·克莱纳特
托尼·梅耶
主编

吴波　余慧明　等译

高等教育出版社·北京

图字：01－2016－4810 号

图书在版编目（CIP）数据

第三届世界科研诚信大会论文集/(美)尼古拉斯·斯特耐克等主编;吴波等译. --北京:高等教育出版社, 2020.6

书名原文:Integrity in the Global Research Arena

ISBN 978-7-04-047606-4

Ⅰ. ①第… Ⅱ. ①尼… ②吴… Ⅲ. ①科学研究－职业道德－国际会议－文集 Ⅳ. ①G316-53

中国版本图书馆 CIP 数据核字(2017)第 082653 号

第三届世界科研诚信大会论文集
DI SAN JIE SHIJIE KEYAN CHENGXIN DAHUI LUNWEN JI

策划编辑 包小冰　责任编辑 杨亚鸿 包小冰　封面设计 张志奇　版式设计 马 云
插图绘制 黄云燕　责任校对 陈 杨　责任印制 毛斯璐

出版发行	高等教育出版社	网　址	http://www.hep.edu.cn
社　址	北京市西城区德外大街 4 号		http://www.hep.com.cn
邮政编码	100120	网上订购	http://www.hepmall.com.cn
印　刷	三河市骏杰印刷有限公司		http://www.hepmall.com
开　本	787mm×960mm 1/16		http://www.hepmall.cn
印　张	15.5		
字　数	270 千字	版　次	2020 年 6 月第 1 版
购书热线	010－58581118	印　次	2020 年 6 月第 1 次印刷
咨询电话	400－810－0598	定　价	68.00 元

物 料 号 47606-00

关于编者

尼古拉斯·斯特耐克：博士，历史学荣誉教授；密歇根大学临床与健康研究所科研伦理与诚信研究项目负责人。斯特耐克教授是世界科研诚信大会的联合发起人，亦是第一届、第二届世界科研诚信大会的联合主席和协办人。他在《科研诚信新加坡声明》（*The Singapore Statement on Research Integrity*）的制定过程中起到了主导作用，也是英国 Epigeum 公司开发的国际网络科研诚信培训项目的首席导师。

梅丽莎·安德森：博士，研究生院副院长，明尼苏达大学组织领导、政策与发展系教授。主要研究领域为科研诚信、科研不端行为、国际合作研究以及产学关系。任 2013 年蒙特利尔世界科研诚信大会和 2015 年里约热内卢世界科研诚信大会的联合主席。

萨宾·克莱纳特：医学博士，英国皇家内科医师学会会员。《柳叶刀》（*The Lancet*）高级执行编辑。1998 年加入《柳叶刀》任全职医学编辑，2002 年任执行编辑，2006 年 6 月成为高级执行编辑。1999 年加入出版伦理委员会，2002 年当选理事，2006 年至 2012 年间担任该委员会副主席。德国柏林世界卫生峰会指导委员会委员，第一届和第二届世界科研诚信大会筹备委员会委员，任 2013 年蒙特利尔第三届世界科研诚信大会和 2015 年里约热内卢第四届世界科研诚信大会的联合主席。

托尼·梅耶：理学学士，南洋理工大学校长办公室欧洲事务代表，地质学家，在英国、美国、欧洲和新加坡从事科研管理的各项事务。第一届、第二届世界科研诚信大会的联合主席和组织者。

前言

世界科研诚信大会（*The World Conference on Research Integrity*）旨在促进对负责任研究行为的探讨，并就此主题交流信息和观点。第一届大会于2007年在葡萄牙里斯本召开，主要目的是在全球范围提高对科研规划、实施报告中对科研诚信的重要性的认识。第二届大会于2010年在新加坡召开，出版了会议论文集《在全球环境中推动科研诚信》（*Promoting Research Integrity in a Global Environment*），主编为前两届大会的联合主席托尼·梅耶和尼古拉斯·斯特耐克。该论文集收录了多篇在大会上所作的报告。新加坡会议酝酿产生了第一份共同文件《科研诚信新加坡声明》，阐明了促进科研诚信的基本原则和责任，标志着国际社会在促进形成共同政策、指导准则和法规方面的首次协同努力，以及在全世界科研领域实现培养更好的科研诚信精神的长远目标。借此基础，制定出更加深入、具体和适合各地实情的政策和指南。

过去几年来，世界科研诚信大会获得了美国科研诚信办公室、美国科学促进会、加拿大负责任科研行为秘书处、新加坡各大学、中国科学技术协会、中国科学院、出版伦理委员会、国际科学理事会、日本科学促进会以及其他机构的大力支持。来自全世界诸多组织的大力支持令人欣喜、鼓舞人心，它表明科研诚信受到众多机构的高度重视，而世界科研诚信大会是促进国际对这一主题讨论并达成共识的最重要平台之一。

本书收录了2013年在蒙特利尔召开的第三届世界科研诚信大会所作的报告。和前几届大会一样，蒙特利尔大会的参会者和发言人来源广泛，包括政府和机构负责人、政策制定者、期刊编辑、科研资助机构官员、科研人员、学生和博士后研究员、学术团体和院校代表、监督管理部门的代表，以及其他从事科研诚信相关主题实证研究的人员。蒙特利尔大会第一次要求提交关于促进科研诚信的研究和政策的论文摘要，共收到来自世界各地的180多篇摘要。根据这些摘要，制定了大会的议程，包括主旨发言、全体大会、学术海报以及不同主题的分会。大会设置了四个议题的专题，分别是负责任科研行为教育、诚信与社会责任、面对疑似学术不端行为时机构与期刊之间的合作以及国际合作研究中的诚信问题。设立专题的目的是为了在大会召开期间提供一个专门的论坛，以期就相关话题能够达成一个共同文件，或是继续推进该话题的探讨，并最终获得一致的解决方法。

针对最后一个议题的讨论产生了《跨界合作研究中科研诚信蒙特利尔声明》(*Montréal Statement on Research Integrity in Cross-Boundary Research Collaborations*)。该声明在《科研诚信新加坡声明》的基础上，将其扩展到涉及多个机构、多种学科或不同国家和地区之间的合作研究，以及学术界、产业界和政府研究者的合作研究项目。《跨界合作研究中科研诚信蒙特利尔声明》于2013年10月正式发布，并收录在本书中。跨界合作研究日益增多，但对其管理甚为艰难。《跨界合作研究中科研诚信蒙特利尔声明》赋予其主要职责之一为“合作研究各方应对整体合作研究的可信度共同承担责任”。通常在合作研究的情况下，一旦出现科研不端或是有问题的研究行为时，合作研究会很快终结，并将责任归因于个别研究人员。强调集体责任应是十分重要的原则，需要给予更多考虑。

《跨界合作研究中科研诚信蒙特利尔声明》同时提出了科研诚信与科研赞助以及科研进行方式之间的关系问题。这些问题与世界范围内的科研结构以及奖励制度在科研环境中的作用等问题密切相关，于2015年5月在巴西里约热内卢召开的第四届世界科研诚信大会对此进行了进一步讨论。这次大会的主题为：“科研回报与诚信：完善体系以促进负责任的研究”，我们希望能就这个主题再次收到更多的摘要。在科研诚信领域中最热切的讨论是关于学术、机构和商业环境的问题，即从事科学研究的环境问题。科研成果以及职业前景的评估方式、机构内部和国家建立科研奖励体系的方式等是关注的焦点。鉴于当前存在的竞争和快速创新优于有效性和社会价值、争先发表比采取措施鼓励和培养负责任研究行为更为重要等取向，因此，急功近利或是做出严重不端行为的个人并非无端出现，科研机构需要进行风险管理，在高速发展的前沿领域尤其应该如此。在全球范围内，如何促进科研诚信问题的研究，还有很长的路要跋涉，还有很多的问题要探讨，这样才能实现通过科研促进知识增长，造福全社会这一终极目标。

世界科研诚信大会联合主席
梅丽莎·安德森
萨宾·克莱纳特

目录

• 跨界合作研究中科研诚信蒙特利尔声明

引言

跨国、跨机构、跨学科和跨领域的科研合作研究对世界范围内的知识进步具有重要作用。因为涉及法规和法律体系、组织和资助结构、科研文化和培训方法的巨大差异，跨界合作对负责任科研行为提出了特殊的挑战。因此，研究者能够认识并应对这些差异以及跨界合作研究中所产生的与科研诚信相关的问题至关重要。研究者应坚持《科研诚信新加坡声明》中所提出的专业责任。此外，下列责任与个人和机构两个层面的合作研究者尤其相关，对于合作研究中的诚信问题至关重要。促进合作研究的诚信是所有个人和机构合作者的共同责任。

跨界合作研究中个人和机构合作者的责任

一、合作研究的一般职责

1. 诚信。合作研究各方应对整体合作研究的可信度共同承担责任，个人要对自己研究部分的可信度承担个人责任。

2. 信任。每个合作研究者的行为都要值得所有其他参与者的信任。所有参与者都有职责建立和维护这种信任。

3. 目的。合作研究的发起和开展要以推进知识造福全人类为目的。

4. 目标。合作研究者在研究伊始应就科研目标达成共识。改变目标需经所有参与者的讨论并获同意。

二、合作管理中的职责

5. 沟通。合作各方应及时、公开地互相沟通，促进对研究的相互且全面理解。

6. 协议。应在所有参与者达成共识和同意的基础上形成指导合作研究的协议。不应制定过度或不必要的限制研究数据、结果或其他研究成果的传播协议。

7. 遵守法律、政策和法规。总体合作应遵守其所从属的法律、政策和法规。如果关于合作研究的法律、政策和法规有相互冲突之处，所有合作各方应立即给出解决方案。

8. 成本与回报。所有合作各方应公平分配合作研究中的成本与回报。

9. 透明。在当前协议之下，本着尽可能开放的态度，透明、诚实地开展合作研究和成果传播。研究资金来源应全面并且公开地进行说明。

10. 资源管理。合作各方应该负责任地使用人、动物、经费和其他资源。

11. 监督。合作各方应该监督科研项目的进程，培养科研诚信的态度，按时完成科研项目并传播科研成果。

三、合作关系中的职责

12. 角色与职责。合作各方应就各自在科研规划、进程以及成果传播等各个阶段所担任的角色与承担的职责达成共识。当角色和职责发生变化时，其相应的共识也应重新协商。

13. 惯例与假设。合作各方应公开讨论与研究有关的惯例与假设。观点、专业知识与方法的不同以及惯例、标准和假设的差异等都可能对科研诚信造成损害，因此必须公开讨论和解决这类问题。

14. 冲突。合作各方应该尽快解决个人或机构层面所产生的冲突、分歧和误解。

15. 代表的授权。合作各方应就代表合作项目的发言权达成一致。

四、针对科研成果的职责

16. 数据、知识产权和研究记录。合作各方应在合作伊始或是必要之时，就合作研究所获得的数据、知识产权以及研究记录的使用、管理、共享和所有权达成一致。

17. 发表。合作各方应在合作伊始或是必要时就如何发表或以其他形式传播研究成果事宜达成一致意见。

18. 署名与致谢。合作各方应在合作伊始或是必要之时就确定合作研究成果的署名和致谢对象达成一致。所有参与人员，尤其是青年研究人员的贡献应该获得充分且恰当的认可。出版物和其他成果中都应该说明所有参与者所做出的贡献。

19. 对不负责任研究行为所做出的回应。合作研究应该设立程序来处理对科研不端行为的举报或是参与者的其他不负责任的科研行为。若有疑似或证实的科研不端行为或是不负责任行为，所有合作参与者应当立即采取恰当的措施。

20. 责任。合作各方之间应相互负责，同时亦对赞助者和其他利益相关者负有完成科研活动的责任。

• 主旨发言　推进科研诚信人士在当前及未来面临的挑战①

迈克尔 · J. G. 法辛②

引言

过去 20 年，全球在制定负责任研究行为（Responsible Conduct of Research，RCR）和建设诚实透明的科研环境方面取得了重要的进步。一大批重要科研组织颁布了指导性文件，而这些指导性文件又作为制定具体指导原则的"黄金准则"被科研机构广泛采用。③

有人可能认为只要有了准则就万事大吉了，接下来该由另外一些人来实施这些准则，以保证科研诚信得以落实。然而，事实表明，这些准则的制定也许阻止了科研不端行为猖獗增长的态势，但显然还不足以让科研不端行为的数量有明显的减少（Macilwain，2012；Grienensen & Zhang，2012）。而且我怀疑，情况恰好相反，随着高层次研究人员科研不端行为案例的增多，出现了"超级联盟"不端行为群体，在这个群体中有 100 多篇学术论文被撤回。④ 也许我

---

① 作者另一篇相关论文《科研不端行为：21 世纪的一个全球性挑战》（Research Misconduct：A Grand Global Challenge for the 21st Century）于 2013 年在上海世界胃肠病学大会（Gastro 2013 APDW/WCOG）上宣读，内容摘要发表于《世界胃肠病学新闻》，全文发表于《胃肠病学和肝病学》（2014 年）。

② 迈克尔 · J. G. 法辛（Michael J. G. Farthing），英国萨塞克斯大学（University of Sussex）。——译注

③ 英国科研诚信办公室（2006），出版刊物参见 http://www.ukrio.org/publications（2014 年 10 月 25 日）。美国科研诚信办公室（2006），公众资源参见 http://ori.hhs.gov/general-resources-0（2014 年 10 月 25 日）。欧洲科学基金会（2008），出版刊物参见 http://www.sf.org/publications（2014 年 10 月 25 日）。

④ J. 阿克斯特（2012），《麻醉师伪造 172 篇学术论文》，参见 http://the-scientist.com/2012/07/03anesthesiologist-fabricates-172-papers/（2014 年 10 月 25 日）。

们会说在数字时代很容易发现科研不端行为并对这些案例做出通告，特别是借助博客以及其他网络来追踪论文撤回和其他科研欺诈行为[①]，尽管如此，若我们忽略了上述趋势，势必会付出很大的代价。

虽然我们已经取得了一些进步，但在促进负责任研究行为措施的有效性和明显增长的科研不端行为之间仍然存在着一道日益扩大等待弥补的鸿沟。我的领域是致力于促进负责任研究行为，在此我则想讨论弥合这道鸿沟的一些其他举措。

我们还能做些什么以减少科研不端行为的发生？

虽然很多研究型大学以及研究机构制定了负责任研究行为准则并要求科研人员保证已阅读并理解其内容，我们仍怀疑许多机构的领导者无法让自己及其管理部门相信该机构的所有科研工作都符合负责任行为准则的要求。我认为当前对科研行为的监督，对科研过程及成果的审核，还不足以完全保证研究活动符合负责任研究行为准则的要求。科研机构还需要再做些什么以保证他们的科研成果是负责任研究行为所产生的结果呢？

审查。是否需要更严密地监督研究行为以获得高质量的研究成果并保证完美无瑕的科研诚信？这势必意味着需要更高质量的监管和对科研过程进行监督，包括随机抽查。审查可以是内部的、有正式组织结构的过程，或许包括结合数字技术来检查剽窃、用图像分析来验证是否有不符合规范的操纵、对数据采取“法庭式”核查来验证其有效性。[②]戴德里克·斯塔佩尔（Diederik Stapel）在社会科学领域的造假行为，说明应该采取更严谨的措施，保证以问卷为基础的科研符合诚信原则，对量和质的研究亦都如此（Bhattacharjee，2013）。

有一些研究需要接受正式的常规审查——尤其是医药行业所做的大型临床试验。主要研究人员清楚这一现状，因而我相信这能强有力地促进他们诚实地开展研究。然而，在对现状进行猛烈批评之前，我们首先应将科研置于一个更大的环境来考量。大学需要制定完善的措施来对其财政以及财务或其他管理流程进行自查并接受外部审查。此外，在英国，质量保障委员会定期检查大学的教学，若不符合基本标准，该委员会有权建议取消大学授予学位的资格。为什么在科研领域没有这样的审查过程？实际上，许多大学的科研支出占大学总支出的 20% ~50%。

---

① 撤稿观察网站（2010），参见 http：//retractionwatch. com（2014 年 10 月 25 日）。

② N. 吉尔伯特（2009），《科学期刊惩处图像操纵》，参见 www. nature. com/news/2009/09/news. 2009. 991（2014 年 10 月 25 日）。

最近英国公布了《支持科研诚信协定》(*Concordat for the Support of Research Integrity*),在其五条承诺的最后一条中有两个关键词,即“监督”和“保障”,这应该引起我们的重视。①

临床试验和其他研究要预先注册。目前有很强的呼声要求所有的临床试验都需预先注册以确保可以追踪其研究进展和成果发表(Chalmers 等,2013)。同时也有声音呼吁若是未能确保试验结果将会公开发表,病人应该拒绝参与这类试验(Kmietowicz,2013)。虽然在这方面已经取得了一定的进展,但实际上许多临床试验未经注册便已进行,且因为担心元分析会不利于导出正面的结论而不发表试验结果。另外还有一些持续不断的努力,以推进医药行业公开关于公共领域药品的所有信息(O'Dowd,2012)。

上述冲突在公共或私人资助的所有重大科研领域里都存在。因此,预先注册的措施对于阻止大量发表伪造的科研成果大有助益,这样一来编辑就可以理直气壮地质疑为什么呈递给期刊的重大研究在开始阶段却没有注册。

加强检测以发现科研不端行为

我认为采取积极的措施预防研究人员发生不端科研行为十分重要,但同时应该加强检测力度以发现不端行为。加强监督和对科研成果的审查,不但可以阻止科研不端行为的产生,而且在科研不端行为产生时可以检测出其存在。那些对可疑研究行为表达担忧的“检举人”是揭发科研不端行为过程中的重要因素之一。一般来说,匿名“检举人”会遭到忽略。不过,对“检举人”工作宽容的趋势日渐向好,这帮助他们获得足够的信心进行正式检举,并最终公开身份。过去五年,出现了一些公共网站,匿名“检举人”利用网络向期刊和科研机构举报某些研究人员,这个势头发展迅猛,已呈不可遏制之态。毫无疑问,这种方式即使对宣布不接受匿名举报的科研机构来说在一定程度上也能接受。并不是所有的机构都不接受匿名举报,撤稿观察网站(Retraction Watch)就对此进行过批评。英国的一些其他机构的立场比较温和,例如国际出版伦理委员会(Committee on Publication Ethics,COPE)和英国科研诚信办公室(United Kindom Research Integrity Office,UKRIO)无疑对这一问题就采取了一种温和的立场,虽然很明显其中有平衡的成分存在,尤其是在关于科研不端行为的举报仅仅是无理纠缠的时候。

---

① 英国大学联合会(2012),《支持科研诚信协定》,参见 http://www.universitiesuk.ac.uk/higher-education/Pages/Theconcordattosupportresearchingtegrity.Aspx#.VFKum0sQ5D4(2014 年 10 月 25 日)。

交流与开放

研究机构之间需要就自身出现的科研不端案例进行进一步交流。但是有一些很重要的因素阻碍了机构向公众公开自身的科研不端案例。有些情况下是一些折中协议限制了机构及其研究人员向公众解释所出现的问题。只有当外部的管理机构，例如英国医学总会或美国科研诚信办公室等参与其中，才有可能将相关问题公之于众。

因为大多数大学研究人员并不受专业机构行为准则的约束，而只有当论文被正式撤回时，他们的名字才会被公众知晓，即便这时，也不会说明撤回论文的原因。这种状况的危害在于那些有严重科研不端行为的人员可以畅通无阻地在大学之间流动（Jump，2012）。

有人建议应效仿实验室科学家的注册制度，让所有的科研人员都进行注册。而注册状态的维护能够表明其科研诚信度（Jump，2002）。“科研护照”（research passport）概念的提出，在一定程度上强调学者在某一个研究机构或学会中拥有良好的诚信记录是非常重要的。例如，在英国从事医学和牙科医学研究，若出现严重的科研不端行为将会危及注册资格，甚至可能会影响其在英国的从业资格。对于目前不受任何研究机构的制约从而可以逃避不端行为制裁的其他科研人员来说，是否也应该实行类似的制度来保障其科研诚信呢？

确认科研不端行为之后寻求不失偏颇的回应

有时面对科研不端行为，适当的反应往往面临两难境地。我们能确保做出的惩罚是得当的吗？有时候我们不知道结果会如何：有时惩罚太轻，而有时又太重。我不太肯定我们是否在努力建设这样一种文化：可以在承认错误之后的一个时期内获得支持，进行修正。也许机构应该要求全体新研究人员在对被举报的已发生或正在发生的科研不端行为开始调查之时主动做出说明，而不是等待着被证实。

近来又有声音呼吁科研团体应对年轻且经验缺乏的研究人员采取更加宽容的态度，因为他们可能迫于获得资金的压力而更加容易产生科研不端行为。布莱恩·迪尔（Brian Deer）谈到在美国从事研究的英国研究员彼得·弗朗西斯（Peter Francis）教授为了申请基金而杜撰了一个前期研究时便持同情的态度。迪尔批评基金机构，认为“赞助人在付钱让研究人员去提出问题之前就想要获得答案”。弗朗西斯教授的研究可以继续进行，但在前两年之内要处于监督之下。[1]

最后，我认为应该做更进一步的研究，以便更好地了解科研不端行为的动机，以及为什么采取科研不端行为的研究人员认为自己可以违反负责任研究行为准则，而这些准则其实是所有学科研究的内在标准。特别要重视抵制这样的观念：科研不端行为值得冒险一试，因为被发现的可能性很小。而在错误行为变成持久的习惯之前是否有一些方法可以尽早发现它们？（Bhattacharjee，2013）

结论

经过20多年的努力倡导，我们已经认识到科研不端行为对研究界和更大范围的群体来说都是十分重要的问题。负责任研究行为准则实施甚广，但许多人仍然对明显日益增多的严重科研不端行为忧心忡忡，或者说，对有问题的科研实践的忧虑益发严重。我认为，制定行为准则并进行培训虽然非常关键，但还不够。

另外还需要采取一些干预措施，包括加强对研究成果的监督、利用现有的技术随机审查以及制定“注册科研人员”名录等。我特别提议我们应该进一步转变科研文化，鼓励研究人员勇于承认错误，发扬原谅的精神，并且有计划地帮助犯过错误的科研人员恢复科研活动。但那些不愿意面对自己科研不端行为的、属于“超级联盟”之列的科研人员，则很难让其继续研究活动，因此应该取消他们的研究资格。

越来越多的研究项目由不同国家和地区的科研人员来共同承担。科研的全球化要求科研机构之间更紧密地合作，而这些机构承担着实施科研诚信准则的职责；我们比以往任何时候都更需要像《科研诚信新加坡声明》[2] 这样的国际标准和准则。

参考文献

Bhattacharjee，Y. (2013). The mind of a con man. *New York Times*. 28 April，44 – 52.

Chalmers，I. P. Glasziou and F. Godlee (2013). All trials must be registered and the results published. *BMJ*，346(8)，f105.

---

① B. 迪尔（2012），《承认科研欺诈行为的学者值得同情》，参见 www. guardian. co. uk/science/blog/2012/apr19（2014 年 10 月 25 日）。

② 《科研诚信新加坡声明》（2010）。参见 www. singaporestatement. org/（2014 年 10 月 25 日）。

Grienensen, M. L. and M. Zhang (2012). A comprehensive survey of retracted articles from the scholarly literature. *PLoS ONE*, 7 (10), e44118.

Jump, P. (2012). Faking it. *Times Higher Education.* 23 August, 30 – 35.

Kmietowicz, Z. (2013). Patients are urged to boycott trials that do not guarantee publication. *BMJ*, 346, f106.

Macilwain, C. (2012). Scientific misconduct: More cops, more robbers? *Cell*, 149, 1417 – 1419.

O'Dowd, A. (2012). NICE is urged to make drug companies supply all trial data. *BMJ*, 345, e8294.

第一部分

国家为促进科研诚信所采取的多种方式

本部分各章节主要描述了欧洲各国针对科研诚信所实行的政策及采取的方法，并体现出现有政策及方法的多样性。当然，某一国家所实行的相关政策需考虑其国家立法框架及文化。例如，斯堪的纳维亚国家倾向于在立法框架内，成立负责科研行为的国家机构。但是，在爱尔兰、英国等国家，上述办法只是一种辅助性手段，负责研究行为的权利被移交给其他机构（大学及科研机构）。

美国制定了针对科研诚信政策及程序的国家规定，并且负责任研究行为的培训需要得到国会立法通过。加拿大的处理方式与美国不同，而与英国更为相近。加拿大有三大主要机构负责支持科研活动，苏珊·V. 齐默尔曼的文章中描述了这三大机构如何通过相互合作，将一项一开始用来处理科研不端行为的政策，进一步发展成重视负责任研究行为的政策。正如作者所言，此政策也响应了公众对于科研活动应具有更高可信度及透明度的呼声。公众这一呼声已成为一种趋势，在许多国家普遍存在，尤其在由纳税人负担大量科研项目的国家。

加拿大针对科研诚信的方法是通过制定行为框架将科研诚信的责任明确分配给科研机构，当然，通过科研机构，再将责任分配给个人。这正如《科研诚信新加坡声明》所规定并强调的那样，应当由研究人员担当起首要也是最重要的责任。加拿大所采取的方法与英国推行的《科研诚信协定》（UK Concordat on Research Integrity）方式的不同之处在于，加拿大的三大机构设立了国家秘书处，用以提供并推广教育资源，并负责调查科研不端行为。

第二篇文章作者是尼柯尔·斐格，该文概述了欧洲科研诚信办公室网络（European Network of Research Integrity Office，ENRIO）观察到欧洲各国所采取的方式具有复杂性和多样性。不同国家所实行的方式，有的比较成熟，有的还不够成熟。有些国家，如前文所提到的那样，主要以立法的方式推行科研诚信；而有些国家，主要依靠发挥资金资助机构及科研机构本身的角色，并或多或少带有国家性协调的作用。由于立法的辅助性作用几近处于中心地位，在欧洲采取通用的方法并非易事，具体的行动需由国家机构及下属机构负责。

伴随着科研跨界合作的趋势日益显著——《跨界合作研究中科研诚信蒙特利尔声明》的主题——欧洲处理科研诚信的方式可以为其他国家提供借鉴。迄今为止，欧盟科研框架计划（Framework Programme of European Union，现在称为 Horizon 2020，地平线 2020 计划）是世界上最大的单一公共财政科研资助计划，但它现仍未就科研诚信提出要求。此计划的一个重要构成部分是成立了欧洲研究理事会（European Research Council，ERC），其工作重点并非开展合作性研究，而是提升科研人员及其所属科研机构的竞争优势。因而，欧洲研究理事会一直致力于“将坚守科研伦理及科研诚信的最高标准作为科研的首要原则”。这一点在亚历山大德拉·法拉利的文章《欧洲研究理事会的科研伦理和科研诚信》中有所体现。有趣的是，该文章不仅描述了伪造、篡改及剽窃[①]这三类常见的学术不端行为，还包括了有待解决的利益冲突这类重要问题。一般情况下，在处理科研活动中不端行为的指控时，欧洲研究理事会同科研机构共同合作。但如有必要，该委员会可最终诉诸欧盟委员会下属的欧盟反欺诈局（European Anti-Fraud Office）。它是官方调查机构，致力于调查资金欺诈和贪腐案件。欧洲研究理事会的资金来源于欧盟科研框架计划，由于此计划未涉及关于科研诚信的明确声明，欧洲研究理事会在初始阶段不知如何才能让针对科研诚信的政策“立足”。但现如今，该委员会已制定相关政策，并起到示范作用。欧盟委员会及各国家机构应效仿其做法，进一步推行科研诚信。至少地平线 2020 计划已经做到了，它要求将对科研的资金资助投入对科研诚信活动的资助中。

我们再来看看国家层面采取的措施。莫拉·海纳描述了爱尔兰如何建立其国家科研诚信体系，尤其是面对 2000 年以来该国科研资金大幅增加的情况。爱尔兰大量借鉴了《欧洲科研诚信行为准则》（European Code of Conduct，2010），该准则由欧洲科学基金会（European Science Foundation，ESF）、欧洲

① 分别对应 Fabrication、Falsification 及 Plagiarism，三者缩写为 FFP。——译注

人文与自然科学院联合会（European Federation of National Academies of Sciences and Humanities）共同制定，并由欧洲科学基金会成员组织科研诚信论坛发布，该论坛的成立是为了响应2007年举办的第一届世界科研诚信大会的号召。在漫长的协商过程之后，爱尔兰制定的科研诚信体系与英国《科研诚信协定》所推行的模式类似，但其增加了由爱尔兰皇家科学院（Royal Irish Academy）提名的由各国专家组成的咨询小组。该小组能代表国家进行科研活动的审查工作，并审理上诉。这是一个有趣的例子，体现出资金资助机构与科学院的合作关系。

尼尔斯·阿尔萨森的文章概述了自2010年第二届世界科研诚信大会举办以来，科研诚信在丹麦的发展状况。1992年，该国成立了丹麦反科学欺诈行为委员会（Danish Committees on Scientific Dishonesty，DCSD），因而成为继美国之后，第二个建立中央机构负责学术诚信的国家。不幸的是，丹麦反科学欺诈行为委员会在对比尤恩·隆伯格（Bjorn Lomborg）所谓“气候变化完全是危言耸听”的研究工作进行审查时，被卷入饱受争议的困境之中。此案件的结果是该委员会的职权范围被限制在其能力范围之内，首要的审查责任被移交给大学。这一点被纳入丹麦法律之中。最近发生的米莲娜·彭科娃（Milena Penkowa）案例引起公众高度重视，并让相关机构措手不及。此案件使丹麦的主要大学不仅要认真考虑其针对科研诚信的政策及程序，更要考虑负责任的科研行为应如何推行。该文结尾处的漫画简要总结出不同国家的大学对科研诚信最有可能持有的相同态度，并以图画形式展示出科研机构应当制定适当且强有力的政策，更重要的是，应当为科研人员提供必备的培训及指导，这才是杜绝科研不端行为的最好保障。

斯内赞那·克里斯蒂克强调了建设就科研诚信开展经验交流合作网络的价值。这对于年轻的研究者格外重要，因为如果他们所在的科研机构在推行良好的科研行为、科研诚信政策及程序上做得不到位，他们会发现，通过年轻研究者构成的合作网络是自己获得信息及建议的主要途径。类似的合作网络如欧洲博士研究生及青年研究人员理事会（Eurodoc），它为欧洲博士研究生服务。同伴间的学习及交流对于知识传播起着重要作用，因而如果我们忽视这样的合作网络，不管是正式的还是非正式的，我们都会处于危险的境地。

本部分最后一篇文章介绍了澳大利亚科研诚信发展的最新状况，在那里科研人员的行为由三项国家标准指导。仅在5年之内，澳大利亚国家健康与医学研究理事会（National Health and Medical Research Council，NHMRC）就受理了52项有关学术不端行为的举报，其中半数的指控被定为缺乏事实根据。

本书的其他部分介绍了其他国家针对科研诚信的政策及方法，它们共同为我们展现了处理方式的多样性。那些仍需进一步发展与科研诚信相关的机构层面政策及国家层面政策的国家，建议参考本书，以便更深入地了解伴随发展过程而来的最佳实践范例及陷阱。

托尼·梅耶

• 第 1 章　负责任研究行为：加拿大的方法

苏珊 · V. 齐默尔曼①

2013 年第三届世界科研诚信大会为加拿大提供了一个极好的机会，使我们可以向世界展示在创造并维护一种积极的研究环境方面的决心，即创造一个能支持和促进科研诚信和负责任研究行为的环境。本文的一些要点阐释了加拿大是如何通过国内三大科研资助机构，定义负责任研究行为，并得出负责任行为框架（Framwork on Responsible Conduct）更详细的解释。负责任行为框架首次出现于 2012 年夏季的《职业道德报告》（Professional Ethics Report）季刊中［XXV（3），第 1 页］。

新的负责任研究行为框架的出台

2011 年 12 月，加拿大三大科研资助机构——加拿大健康研究院（Canadian Institutes of Health Research）、加拿大自然科学和工程研究理事会（Natural Science and Engineering Research Council of Canada）、加拿大社会科学与人文研究理事会（Social Science and Humanities Research Council of Canada）——采用了全新的方法，促进负责任研究行为。三大机构框架：负责任研究行为取代 1994 年的科研诚信政策。该框架响应了公众的需求，即在公共资金资助的研究中，提高研究人员的责任感和研究过程的透明度，通过扩大管理范围、提高透明度、采用更和谐的方法来处理违反机构政策的指控。

① 苏珊 · V. 齐默尔曼（Susan V. Zimmerman），加拿大负责任研究行为秘书处（Secretariat on Responsible Conduct of Research）。——译注

框架重点

框架表明，良好的研究实践不只是简单地避免伪造、篡改和剽窃行为（fabrication，falsification and plagiarism，简称 FFP）。框架确定了四个目标：

1. 确保机构做出筹资决策是基于准确和可靠的信息；
2. 确保用于研究的公共资金根据资助协议得到负责任的使用；
3. 保证并提高三大机构所资助研究的质量、准确性和可靠性；
4. 提高研究行为的公平性和处理违反政策指控的公平性。

框架从更广泛的视角来促进负责任研究行为。任何违反三大机构政策的科研不端行为都会构成违约，且三大机构有权进行追索。

"严重违约"的定义视情况而定。框架术语表中对此的定义是：在确定违约是否严重时，机构将根据违约行为危及公众安全或造成研究行为名声损害的程度而定。这种确定方法将酌情基于对以下方面的评估，即违约性质、研究者的经验水平、是否存在此种违约的类型和其他因素。严重违约可能包括：

- 未经研究伦理委员会（Research Ethics Board）批准，或不按照批准协议的流程，招募社会人员参与研究，存在重大风险或危害；
- 未经动物委员会（Animal Care Committee）批准，或不按照批准协议的流程，在研究中使用动物，存在重大风险或危害；
- 为与研究无关的个人利益，故意滥用研究经费；
- 在知情的情况下，出版基于捏造的数据得到的研究结果；
- 在申请中，通过篡改文凭、资格证书或研究进展获得资助或奖励基金。

采取此种方法的主要目的不是查明和惩治科研不端行为，而是确保尊重所有的政策和法律规定。这种方法更加严格，因为良好的研究实践不仅仅关注科研不端行为；合乎框架规定的要求也因此要比传统的科研诚信政策更广泛。框架也对研究者更加严格，因为三大机构主席首次有权公开严重违规的研究人员姓名、违规的性质、该研究人员违规时所在的研究机构和目前就职的研究机构。

此前，只有在公共安全受到威胁的情况下，才会违背《隐私法》，破例将违约的研究人员姓名提供给三大机构主席。现在新框架的启用同时也带来了一些变化，它要求研究人员在申请机构资助之前，先签署一份同意书，允许相关机构的负责人行使追索权——但只有在严重违规的情况下才可行使。这是提高研究透明度和研究人员责任感的重要一步，因为二者是科研机构公信度的关键：迈出这一步，加拿大就走在了负责任研究行为政策改革的国际前沿。

框架的另一个新特点是明确指出了机构在特殊情况下有权采取紧急行动。特殊情况取决于“涉嫌违规的严重性和紧迫性、违规可能产生的后果和违规造成的财务、健康、安全或其他方面的潜在风险”。例如，据称研究人员存在人身危险或为个人利益大量转移经费时，机构可以责令其停止研究，或冻结研究资金，或要求其所在研究机构采取以上措施。

框架还要求研究机构也承担责任，目的同样是为了促进负责任行为，而非惩罚不端行为。在此框架下，“研究机构应努力创造一种积极的环境，不仅要能支持良好的研究行为，还能提高研究者诚实、负责、公开以及公正地探索和传播知识的能力”。

框架要求三大机构和各研究机构做出承诺，创造并保证一种能够支持和推动负责任研究行为的环境。虽然实现这一目标没有秘诀，但框架确定了资助机构、研究机构和研究人员各自的角色和责任。政策本身并不能创造积极的研究环境，但通过确定可接受行为的最低标准和支撑这些标准的共同责任，框架就能为塑造这种环境提供坚实的基础。

实施

新框架需要新的实施架构。加拿大三大科研机构本来各有一套流程来处理违规指控，现在则成立了一个专门委员会，就涉及三大机构的全部指控向各个机构负责人提出建议。负责任研究行为专门委员会（Panel on the Responsible Conduct of Research）是一个独立组织，由高级科研人员和行政人员组成，负责审查匿名研究机构的陈述。无论研究机构已经采取了何种措施，只要专门委员会向三大机构的负责人提出建议，那么三大机构负责人必须强制执行。

委员会由负责任研究行为秘书处（Secretariat on Resposible Conduct of Research）提供支持，该秘书处是一个单一的中央办公室。委员会和秘书处能够相互协调，共同处理违规指控。因而所有相关指控都能按照统一方式进行处理，科研界和公众对这一点都有信心。

框架实施的效果如何?

与三大机构颁布的其他政策一样，新框架对研究机构的约束性并非体现在法律效力上，而是通过实施一项协议来实现，该协议适用于所有相关的研究机构。为了有资格获得三大机构资金，研究机构必须尊重三大机构的全部政策，同时确保自己的员工和学生也尊重这些政策。该项标准协议由研究机构、大学行政人员、教授协会以及其他相关人员共同协商制定，适用于所有有资质的研究机构（该协议为《2014 年研究机构资助及奖励管理协议》）。

三大机构并没有综合检查权，因此只能对科研机构里的研究人员、监督人员、科研参与者和期刊编辑提出警告，警告他们不要涉嫌违规。然而一旦指控成立，三大机构就有权让该研究机构必须承担义务，即按照新框架中制定的标准，采用相应流程调查此项指控。如果该研究机构没有通过及时全面调查违规指控来正确履行职责，或者没有向三大机构汇报调查结果，那么三大机构就会对该研究机构采取惩罚措施。最终，三大机构中任一机构便可暂停或取消该研究机构获得资金的资格。当然，在采取这些严厉措施前，三大机构会和涉事研究机构共同努力，以解决问题。

调查违规指控仍是各个研究机构的责任。总的来说，根据三大机构以往的经验，学术研究机构会非常严肃地进行调查以及行使权力，并尽职地向三大机构汇报调查结果。然而，新框架设定了明确的时间表，研究机构应按照该时间表进行调查询问工作，这一举措加强了指控调查系统的责任。询问期限为 2 个月，调查期限则至多 5 个月。只有向负责任行为秘书处提出正当理由，时间期限才有望延长。涉及机构资金的询问和调查必须写成报告提交给三大机构。

为加强调查过程的责任，新框架还规定研究机构的所有调查过程中，都至少要有一位非研究机构的外部人员参与调查委员会。这是加强处理违规政策过程责任，提高处理过程透明度的又一重大举措。在负责任研究行为的国家指导方针中，该项规定仍有待推广。

最后，值得一提的是，新框架的适用范围并不局限于三大机构资助的研究。新框架要求符合条件的研究机构在采用内部政策处理违规指控时，均需满足新框架的最低要求。同样，所有申请三大机构资金或者已经获得三大机构资金的科研人员都必须遵循新框架的有关规定。

推广负责任研究行为

为使新框架得以顺利实施，负责任研究行为秘书处和负责任研究行为专门委员会着力拓展教育资源。这些教育资源包括一款于 2014 年面世的交互式在线教程以及负责任研究行为专门委员会官网提供的一个介绍新框架的网络研讨会。

负责任研究行为秘书处和负责任研究行为专门委员会还一直为科研界以及公众解答关于新框架的有关疑问。这些资源和活动都是免费提供的。

新框架实施一年半以来，负责任研究行为秘书处共接手 82 份文件，其中 43 份涉及科研不端行为，其余 39 份涉及擅自动用三大机构资金、未经许可进行人类和动物的有关研究、申请三大机构资金时虚报信息和未能正确处理利益冲突等方面。截至 2013 年 5 月 31 日，负责任研究行为秘书处已成功处理其中的 56 份文件。

结论

负责任研究行为框架的诞生标志着加拿大三大科研机构将共同致力于建设良好的科研环境。该框架提供了清晰的指导方针，明确了研究人员、研究机构和三大机构三方的责任。负责任研究行为专门委员会和负责任研究行为秘书处提供核心资源，推动以上指导方针的实现，并帮助三大机构合理应对违规行为的调查结果。推出三大机构框架这一举措，显示了三大机构在加拿大政府的支持下，加强科研机构责任，提高科研机构透明度方面的努力。

参考文献

Agreement on the Administration of Agency Grants and Awards by Research Institutions (2014). Available at http://www. science. gc. ca/default. asp? lang = En&n = 56B87BE5 - 1 (accessed on 28 October 2014).

Professional Ethics Report (2014). Vol. XXV (3), 1. Available at http://www. aaas. org/sites/default/files/migrate/uploads/ProReport. pdf (accessed on 28 October 2014).

Tri - Agency Framework: Responsible Conduct of Research (2014). The RCR Framework. Available at http://www. rcr. ethics. gc. ca/eng/policy - politique/framework - cadre/ (accessed on 28 October 2014).

（曹　涵　陈晶洁　译）

第2章　联合各方力量，打造欧洲科研诚信：欧洲科研诚信办公室网络

尼柯尔·斐格①

欧洲科研诚信办公室网络成立于2007年，目前，已有21个欧洲国家代表加入。欧洲科研诚信办公室网络旨在分享各国在预防科研不端行为、提高良好科研实践（科研训练/科研教育）意识以及调查科研不端行为等方面的经验，探讨可行的解决方案。各国之间相互学习借鉴；一些国家改善了自己的科研诚信体系及相关程序，另一些国家则借此成功推进了科研诚信体系建设。

在本章中，几个欧洲科研诚信办公室网络成员国对各自的科研诚信现状进行了简要介绍。

成立全国科研诚信委员会，并立法处理科研不端行为的欧洲科研诚信办公室网络成员国

丹麦

丹麦立法成立了反科学欺诈行为委员会（Danish Committees on Scientific Dishonesty，DCSD），该委员会隶属于丹麦科技创新局的中央行政部门。丹麦科技创新局是丹麦科学、科技与高等教育部的下属机构。反科学欺诈行为委员会由三个常设委员会，即健康与医学科学委员会，社会与文化科学委员会，自然、科技和产品科学委员会组成。这三个委员会的职责和作用在以下法律文书中有所规定：

① 尼柯尔·斐格（Nicole Foeger），欧洲科研诚信办公室网络，奥地利科研诚信办公室（European Network of Research Integrity Offices and Austrian Agency for Research Integrity）。——译注

- 《科研咨询体系综合法案》；
- 《反科学欺诈行为委员会行政命令》；
- 《反科学欺诈行为委员会议事规则》；
- 反科学欺诈行为委员会所审议的案件程序遵循丹麦行政法，因此也遵循行政决策通则。

挪威

2007年，挪威成立了全国科研不端行为调查委员会（National Commission for the Investigation of Research Misconduct），使挪威对于科研不端行为的定义以及此类案件的调查有了法律依据。根据政府规程，所有的研究机构（例如大学）必须已就科研伦理或科研不端行为制定相应的指导方针。在预防科研不端行为和处理可能存在科研不端行为的特定案件时，当地机构承担主要责任。而全国委员会是监督机构，当地机构在处理案件之时或处理案件之后，必须向全国委员会报备。

在预防科研不端行为方面，挪威的三个全国性的科研伦理委员会（涉及各个科学领域），通过发布国家指导方针等措施，在全国范围内发挥主要作用。

波兰

波兰的立法中对涉及“科研不端行为”的法案称作“违反科学伦理标准”，参见2005年7月27日《高等教育法》（144a条）（《法律公报》164号，1365项，修订版）。

科研诚信委员会（Commission of Research Integrity）是唯一可以对全国所有科学和学术单位进行科研不端行为案件调查和评估的机构，根据波兰科学院2010年4月30日通过的《议会法案》创立。该委员会建立起了一套面向研究者以及宣传科研诚信标准活动的伦理准则。此外，波兰通过法律分别在高等教育机构、科研机构和波兰科学院设立了纪律委员会。

瑞典

根据瑞典法律，每所大学在受到科研不端行为的指控时，有责任对其进行调查。但是，若该大学因故无法处理某一案件，或案件提起上诉时，则此案件移交核心专家委员会，即全国科研不端行为调查专家组（National Expert Group for Investigation of Scientific Misconduct）。

中心伦理审查委员会于2011年出版的《良好的科研实践》一书构成了瑞典科研诚信和科研不端行为的基础。[①]

---

① 《良好的科研实践》（2011），瑞典研究理事会伦理专家组。参见 http://www.vr.se/download/18.3a36c20d133af0c1295800030/1321519981391/Good + Research + Practice + 3.2011_webb.pdf（2014年10月23日）。

成立全国科研诚信委员会，但尚未立法处理科研不端行为的欧洲科研诚信办公室网络成员国

奥地利

根据《奥地利协会法》，奥地利科研诚信办公室（Austria Agency for Research Integrity）成立于2008年。如今，该协会拥有37个成员机构，包括奥地利所有的公立大学、科研机构和科研基金管理机构。奥地利科研诚信办公室的职责在于提高奥地利民众对于科研诚信的意识。奥地利科研诚信办公室提供服务设施，并独立调查科研不端行为的指控（主要面向成员机构）。因此，为避免发生任何利益冲突，奥地利建立了6个包括外国专家在内的常任委员会。

德国

20世纪90年代，德国发生了一起重大的科研不端行为案件。在此之后，德国研究基金会（German Research Foundation）发表了一份协议备忘录《维护良好的科研实践倡议》。[①] 该备忘录对所有的高校和与德国研究基金会有关的科研机构生效。

根据这份备忘录，德国所有高校和独立科研机构必须任命独立监察专员，并针对特定机构各自建立一套规则，规范良好的科研实践。这些规则应当是（但往往还不是）“青年科学家和学者的教育及教学课程的组成部分”。

此外，德国研究基金会于1999年创立了独立的“科研监察专员委员会”。该委员会作为一个建议和调停机构，服务于所有在德科学家以及海外工作的德国科学家，代表着严守机密、公平审判和公正透明，提供任何关于科研诚信的咨询和帮助。对于疑似科研不端行为的案件，若证据确凿，则由监察专员转交至当地的调查委员会进行制裁或起诉。

德国马克斯·普朗克学会（Max Plank Society）和其他的德国科研机构也建立了与德国研究基金会相似的指导方针。

荷兰

自2003年起，荷兰的国家科研诚信委员会（National Board for Research Integrity）开始处理科研不端行为。该委员会由3所国家机构创立，这些机构遵循先前在2001年备忘录中制定的关于科研诚信的程序和规则。2003年

---

① 《维护良好的科研实践倡议》（2013），《备忘录：科研自律委员会的建议》。参见 http://www.dfg.de/download/pdf/dfg_im_profil/reden_stellungnahmen/download/empfehlung_wiss_praxis_0198.pdf（2014年10月23日）。

国家科研诚信委员会成立后，这些程序和规则的其中一名制定者分别于2004年和2012年对其进行了进一步的修订，详见《有关科研诚信申诉程序的国家范例》和《荷兰科研行为准则》。2013年，3所创办机构和国家科研诚信委员会均开始遵守这些程序规则。总之，举报人或原告要遵照当地的一级程序，先由相关科研机构的执行委员会做出（初步）判定，如有异议方可将此初步判定上诉至国家科研诚信委员会。除了这3所原始创办机构外，其他的科研机构也逐步加入了国家科研诚信委员会。此外，十多年来，国家科研诚信委员会已成为科研人员以及科研机构和政府了解科研诚信（违反与否）相关基本信息的国家级办公室。

针对科研不端行为立法的其他欧洲国家

克罗地亚

2006年初，科学与高等教育伦理委员会（Committee for Ethics in Science and Higher Education，CESHE）由议会定为国家机构，旨在调查和审判对不端行为的指控。四年以来，科学与高等教育伦理委员会出台了一项道德准则（《伦理章程》）以约束该体系下的所有机构，并提出了近20条建议。然而，这些建议效果甚微，这些机构未能将自身的章程与该委员会的《伦理章程》很好地结合起来。继2010年科学与高等教育伦理委员会委任委员的任期届满，即将迎来研究和高等教育新立法之际，尚未有新委员被选举出来。2011年选举后，现行法律修正案的提出增加了拟议委员的人数并扩大了科学与高等教育伦理委员会的职权范围。2013年7月修订案批准通过，次年1月新委员候选人参与竞选。过去几年来，克罗地亚4所重点大学发起行动，对学术诚信问题现状进行评估并对其加强重视。不过，目前针对不端行为或其产生后果的实际指控，尚未表明有多少处理率。

瑞士

2006年，瑞士文理科学院（Swiss Academies of Arts and Sciences）建立"科研诚信"委员会，以解决有关科研诚信的常见问题。[①] 该委员会就研究机构、研究执行机构和政府机构关于科研诚信的基本问题提出建议，但无权处理具体的科研不端行为案件。2008年，瑞士文理科学院提出了一种构建此类诚

---

① 瑞士文理科学院（2006），《科研诚信》。参见 http://www. akademien-schweiz. ch/en/index/Schwerpunktthemen/Wissenschaftliche-Integritaet. html（2014年10月23日）。瑞士国家科学基金会（2014），《瑞士科研诚信》。参见 http://www. snf. ch/de/derSnf/forschungspolitische_positionen/wissen-schaftliche_ integritaet/Seiten/default. aspx（2014年10月23日）。

信机构的模型，并强烈建议研究机构和研究执行机构遵守这些明确的规则。瑞士文理科学院的一项分析表明，大多数瑞士的大学（仅一所除外）在假定行为不端时有明确的诉讼程序。

针对瑞士国家基金会资助的研究项目，《促进研究与创新联邦法》将为科研不端行为指控相关的信息交流引入法律依据，并将充分告知研究人员的雇主其所犯不端行为。

未针对科研不端行为立法的其他欧洲国家

法国

在新加坡召开的第二次世界科研诚信大会上（2010 年），法国科研诚信的形势被描述为“如何改善分散、模糊的国家体系?”

近三年来，以下研究机构取得了一些进步：法国国家健康与医学研究院（健康研究）诚信办公室一直处于活跃状态；法国国家科学研究中心（基础研究）通过了《新加坡宣言》，并在 2012 年由伦理委员会通过一项新的咨询文件和一些诚信方面的运作规则；法国农业科学研究院（食品和环境研究）在 2013 年通过了明确的道义规则。法国皮埃尔与玛丽·居里大学（巴黎）和南特大学都设立了诚信办事处。法国对科研诚信的重视还未达到令人满意的程度，尚待加强。不过近三年，已小有进步。

爱尔兰

为确保科研诚信，爱尔兰目前采取了一项国家政策，为良好的科研实践和利益攸关方所做四个关键承诺的治理构建一个国家框架。这四个承诺规定了良好科研实践的最低标准、宣传教育、国家科研诚信论坛（严格咨询）的责任以及处理不端行为指控的管理程序。该政策还构建了一个框架，通过四个步骤配合科研不端行为的调查，与欧洲行为守则所提建议保持高度一致。

研究人员的雇主将继续负责科普、预防和调查科研不端行为。爱尔兰皇家科学院将组建一个国际专家小组，协助相关机构调查严重科研不端行为并参与一切相关案件的上诉审查。在短期内，爱尔兰建起实力雄厚的国家科研诚信机构的可能性不大。

卢森堡

在科研诚信领域，卢森堡国家研究基金会（National Research Fund）已成立一个国际科研诚信委员会。为与国际先进做法接轨，当有申请或接受国家研究基金资助的研究人员涉嫌科研不端行为时，委员会设立了一项特定处理程序来应对。

国家研究基金重点监督国内外专家的职责和建设优化卢森堡国内科研诚信文化的网络。因此，国家研究基金会与欧洲科学基金会及其他科研伦理学专家组织进行积极合作。国家研究基金会科研诚信委员会还受理了几起涉嫌违反“良好科学实践”的新案件。

卢森堡计划成立一个国家科研诚信委员会，以便制定并推广国家级科研不端行为后续处理的一致办法。

斯洛伐克

2004 年，斯洛伐克研究发展局对德国研究基金会就维护良好科研实践所提建议稍加修改后通过《良好研究实践：斯洛伐克研究发展局理事会所提建议》。目前为止，尽管研究发展局做出了努力，此指导准则依然不具法律约束力。

防止科研不端行为和处理涉嫌科研不端行为的具体案件的主要责任落在了地方层面。经强烈建议，一些研究机构已建立有关科研伦理/不端行为的指导准则。斯洛伐克虽然地域狭小，却依然未对不同制度规范建起全国统一标准。

2007 年，斯洛伐克研究发展局成立了伦理委员会，该委员会作为研发局主席团及主管的咨询委员会，负责处理斯洛伐克研究发展局资助的相关科研不端案件。

在不久的将来，斯洛伐克计划将应用欧盟行为准则（主要针对科研不端行为的调查）协调国内规则。

西班牙

西班牙在科研诚信方面没有制定统一的法律条例。由于 2007 年出台了生物医学研究法，西班牙生物伦理委员会作为一个联合独立机构得以创立，并在有关生物医学、健康科学的伦理和社会影响方面具有咨询职能，同时还负责代表西班牙参与国际论坛，制定西班牙生物医学研究良好实践准则。

2011 年《西班牙科学法》出台，其第 10 条中虽设立了西班牙研究伦理委员会，但其委员仍有待任命。

对西班牙国家科学研究理事会而言，其“良好科学实践准则”旨在为其所有科学活动提供伦理基础。“良好科学实践准则”是形成并保证该理事会发展科研诚信和科研伦理素质的手段。

英国

英国在科研方面没有制定统一的法律法规。尽管具体研究有相应监管者，如人体临床试验或动物研究，具体行业也有监管者，但这些只是特例。

跟所有国家一样，英国承认科研诚信责任最终取决于研究人员。研究人员的所属机构负责确保科研师生的科研诚信；除非另属某一监管机构职权范围内，否则与研究相关的问题可主要由所属机构调查。反过来，研究资助机构可通过各种不同机制保证雇主很好地履行其职责。

英国科研诚信办公室（UK Research Integrity Office，UKRIO）是一个独立的慈善机构，为各学科领域研究行为问题提供相应的专家意见。英国科研诚信办公室致力于促进良好的科研实践，引起公众对科研的关注，并向有关机构就如何公正彻底调查科研不端行为提出建议。

（陈志翰　董佳莉　译）

• 第 3 章　欧洲研究理事会的科研伦理和科研诚信

亚历山大德拉 · 法拉利[①]

引言：欧洲研究理事会

2007 年，欧洲委员会[②]成立欧洲研究理事会（European Research Council, ERC）及其执行机构，以在欧洲第七研究框架计划（European Framework Programme 7, FP7）内开展“原始创新计划”（Ideas）研究项目。“原始创新计划”旨在为科学、学术研究以及工程学各个领域的尖端研究提供经费支持。其预算资金主要来自欧盟的资助以及成员国的贡献。[③] 这是第一项真正意义上的泛欧洲欧盟融资方案，主要为个人研究者提供自下而上的资助。欧洲研究理事会成立 6 年以来，因在研究领域取得的卓越成就，其资助获得了基准性的地位，也让欧洲研究理事会资助的授予人获得了外界的认可。除努力追求研究领域的杰出成就外，欧洲研究理事会还郑重承诺将保持最高水准的伦理和诚信，并将其作为科研的基本原则。[④]

科研伦理

进行科研伦理审查是为了确保欧洲研究理事会资助的研究符合有关伦理原

---

① 亚历山大德拉 · 法拉利（Alessandra Ferrari），欧洲研究理事会执行机构（European Research Council Executive Agency, ERCEA）。——译注

② http://cordis.europa.eu/fp7/understand_en.html.

③ ftp://ftp.cordis.europa.eu/pub/fp7/docs/third_ country_ agreements_ en.pdf.

④ “原始创新计划”即“Ideas”，该计划由欧洲研究理事会负责实施，支持有风险、有高影响力的研究，促进新兴和快速影响力的领域达到世界级科学研究水平。——译注

则，这一点可参见条款六、欧盟委员会 1982/2006 框架决议中相关表述、"原始创新计划" 具体项目决议 2006/972/欧盟委员会后附录 I 中条款三及相关内容和《欧盟人权宪章》。

自 2009 年起，所有提交给欧洲研究理事会的研究计划以及资助申请都经过了机构内部专门小组的仔细审阅，检查其是否存在潜在伦理问题，整个过程包括三步：首先内部审核（预筛选）后，存在引发伦理问题隐患的项目将被提交给一个伦理筛选专家组（第二步），专家组会提出下一步行动方案：（a）要求提交文献性证据，以证明该研究计划符合欧盟条约和相关立法中的基本伦理原则[①]；（b）接收更多补充的证实性资料；（c）将此研究计划提交给另一个专家组（第三步）以进行深度伦理审查。

在资助协议的授予阶段，对于伦理小组提出的要求，申请者必须做出令人满意的答复，这些要求对于科研机构和研究人员来说属于合同义务。[②]

若有需要，这些针对欧洲研究理事会的资助研究进行的伦理审查不会在合约阶段终止，而是在拨款期限内继续生效。在这种情况下，根据专门的伦理审查人员做出的伦理审核，每笔给予受资助人的临时款项都是有条件的。

总体上，约 50% 交至欧洲研究理事会的研究计划会存在一些内在伦理问题，这些问题都能在伦理筛选阶段得到解决（例如：动物和/或人类实验，隐私和数据保护问题，发展中国家和/或弱势群体研究，等等），大约 10%—15% 的研究计划需要深度伦理审查。

科研诚信

针对其基金研究项目，欧洲研究理事会科学委员致力于追求最高水准的科研诚信。

诚信是欧洲研究理事会自项目实施到成果公示每道程序的指导性原则：从研究计划的起草、研究项目的选择到项目的实施及其成果的出版。

欧洲研究理事会或其执行机构应对提交的指控进行及时处理，恰当的后续方案也应到位。

有鉴于此，欧洲研究理事会设立了一个内部委员会，即"利益冲突、学术不端和伦理问题常务委员会"，来解决产生的这些问题。利益冲突、学术不

① http://ec.europa.eu/research/participants/docs/h2020-funding-guide/grants/from-evaluationto-grant-signature/grant-preparation/ethics_review_en.htm.

② http://erc.europa.eu/sites/default/files/document/file/erc_guidance_notes_for_preparing_the_grant_agreement_july_2012.pdf(Appendix 6.1).

端和伦理问题常务委员会接受欧洲研究理事会科学委员会的委派责任，即“处理与欧洲研究理事会职权方面有关的利益冲突、欺诈和伦理问题，明确其标准，并考虑到任何可能引起伦理问题的具体情境”①。

针对提交至欧洲研究理事会的研究计划，利益冲突、学术不端和伦理问题常务委员会为如何处理不同层次学术不端行为的指控起草指导方针：从最初的审查、选拔程序，到其绩效、成果和公示的后续操作。

2012年10月9日，欧洲研究理事会在塞浦路斯全体会议上通过了学术不端行为政策。②

作为欧盟委员会项目中首个相关文件，针对欧洲研究理事会的申请者或申请项目，这一政策旨在审查和处理其中关于学术不端行为或疑似违背科研诚信的任何指控。③

作为利益冲突、学术不端和伦理问题常务委员会的主席以及欧洲研究理事会的副主席，佩弗·埃克斯那（Pavel Exner）教授说：“该政策的采用是在欧洲范围内推进科研诚信文化的重要一步。在保持欧洲研究理事会的受助者和专家组成员的高绩效水平方面，我相信这一举措是至关重要的。对于科学家来说，只要他们能保证100%的科研诚信，就能追求科研理想，此政策文件便是一个强劲的激励信号。”

在一项指控提交给欧洲研究理事会或其执行机构后，利益冲突、学术不端和伦理问题常务委员会会获得相关信息，通过与欧洲研究理事会执行机构理事和成员的密切合作，着手对事件进行调查。必要的行政程序（处理关于学术不端行为的传入信息）由欧洲研究理事会执行机构负责并进行。

因此，以下问题尤需得到解决：

• 剽窃：针对提交的研究计划，欧洲研究理事会将通过专门软件来检测其是否潜在剽窃其他应用程序、已有基金资助的研究项目、出版物或其他资料来源。基于这项分析，利益冲突、学术不端和伦理问题常务委员会会决定是否从科学评价或批准程序中排除该研究计划；

• 利益冲突：在评价研究计划时，务必关注评论者与申请者之间潜在利益冲突是否得到妥善解决。④ 如果一位独立专家与一项计划或项目有直接或间接

---

① 2009年10月13—14日，布鲁塞尔科学委员会全体大会会议记录。

② http://erc.europa.eu/sites/default/files/document/file/ERC_Scientific_misconduct_strategy.pdf.

③ http://erc.europa.eu/sites/default/files/press_release/files/ERC_Scmisconduct_Strategy.pdf.

④ http://erc.europa.eu/sites/default/files/document/file/erc_rules%20for%20submission.pdf (Paragraph 3.1.3).

的联系或任何其他固有利益关系，或者存在影响其对负责工作公平的处理，他/她必须尽快向欧洲研究理事会执行机构的负责人员陈述相关事实。①

在与研究计划的主要评审者存在亲属关系或个人私交的情况下，该同行评议人员必须退出整个评审过程。否则，这一利益冲突会危害所有研究计划评审的公正性。其他情况下，对每个潜在利益冲突进行评估后，将会确定该研究计划是否被取消资格；在前一种情况下，评审者应退出该研究计划的评估过程，且在讨论时须离开房间。

• 其他针对不端行为的指控（例如欺诈）：在获得一手信息，保持绝对的保密性和有关各方的公平性前提下，欧洲研究理事会执行机构理事以及利益冲突、学术不端和伦理问题常务委员会将对此进行共同评估。作为评估的辅助，可能会提名其他科学委员会成员或者特设外部专家作为咨询对象。

关于是否有必要举行研究机构代表听证会或采取其他措施，例如将案件移交至欧洲反欺诈办公室和欧盟委员会，欧洲研究理事会执行机构理事会对此做出最终决定。

与此同时，欧洲研究理事会会公开其对科研不端行为案件的处理结果，目的是明确重申其在所有活动中坚持最高伦理水准的决心。举例而言，欧洲研究理事会关于学术不端行为的政策规定，欧洲研究理事会执行机构的年度活动报告②以及欧洲研究理事会科学委员会的年度报告③中须保留对案件的记录和报告，并且这两项报告必须每年公开发布以供查询。

2012 年，欧洲研究理事会执行机构以及利益冲突、学术不端和伦理问题常务委员会共审核了 13 起学术不端案例：其中 7 起涉及同行评议的利益冲突；2 起被控告剽窃；2 起关于抄袭/效仿欧洲研究理事会其他申请；还有 2 起指控曾经申请过欧洲研究理事会资助项目的研究人员存在学术不端行为。

结论

作为世界一流的科研基金资助机构，欧洲研究理事会已经在相当短的时间内获得了国际知名度，并向不同职业水平的一流研究人员提供了超过 3 000 项

---

① http://erc.europa.eu/sites/default/files/content/2_AL_Annex_CodeOfConduct.pdf (point 5).

② http://ec.europa.eu/atwork/synthesis/aar/doc/ercea_aar_2012.pdf.

③ http://erc.europa.eu/sites/default/files/publication/files/erc_annual_report_2012_0.pdf.

资助。正是由于同行评议的高质量、透明性和公正性，欧洲研究理事会才能拥有现在的良好表现及国际认可。作为欧洲研究理事会运作的基础，这些伦理及诚信准则需要得到不断革新和执行。在 2004 年提出的欧盟科研框架计划（地平线 2020 计划）的背景下，如今的欧洲研究理事会将拥有更加光明的未来。欧洲研究理事会将预算大幅提升 77%，从原来 75 亿欧元（2007—2013）增长至超过 130 亿欧元（2014—2020）[①]：挑战仍在继续。

（董雪雁　译）

① http://ec. europa. eu/research/horizon2020/pdf/press/horizon_2020_budget_constant_2011. pdf.

• 第 4 章　构建国家科研诚信体系——以爱尔兰为例

莫拉 · 海纳[①]

引言

自 2000 年以来，爱尔兰地区的投资和研究大量增多，尤其是在生物医学、卫生和技术领域。爱尔兰利用这些投资来支撑知识经济的发展。知识经济对吸引和留住高新技术方面的外国直接投资至关重要。但是，在急于开展世界级研究时，我们忽视了科研诚信问题。我们日益认识到，必须保护研究者间知识共享的互信核心原则，同时，要保证公众对研究成果的信心，这样才能保证未来的投资。

爱尔兰面临的挑战同其他国家和地区一样，就是要理解如何领会爱尔兰研究团体提出的良好科研行为共同标准，就不同领域对科研不端行为的处理方式，包括预防和检举，达成相对应的措施。这看起来简单直接，其实不然。当前有人认为，公众对科学的支持不是无限的，要保持公众对科学信度和效度的信任，当然这一看法是不全面的。要想充分解决学术不端问题，很大程度上还要依赖于自律和同业审查。在机构层面，也有一些抵制科研自主权丧失和国家干预的运动。最后，爱尔兰正在面临着自 20 世纪 20 年代建国以来最大的经济危机之一，使其无意在大学或国家层面开展新项目。

---

① 莫拉 · 海纳（Maura Hiney），爱尔兰卫生研究局（Health Research Board）。——译注

爱尔兰科研诚信政策的基础

欧洲科学基金会科研诚信论坛上涌现出一批优秀报告①，制定了完整的《欧洲科研诚信行为准则》②，这对爱尔兰来说极其幸运。这些文件可以被用来衡量爱尔兰对此问题的关注程度。其中两份爱尔兰的报告非常重要，对爱尔兰人思考如何解决面临的挑战具有根本性意义。爱尔兰生物伦理学理事会2010年的一份报告③分析发现了爱尔兰大学对提升及训练科研诚信的情况高度分散。该报告还提出了一个未来监督和管理科研诚信的模式。然而，爱尔兰当前政策推行的基础是另一模式，该模式是在2009年由爱尔兰皇家科学院主办、爱尔兰一些融资机构赞助的科研诚信工作坊报告④中提出来的。该模式提出：

- 管理、调查和实施的主要责任应该驻留在大学水平（但可能有外部介入），依照其他地方采用的方法；
- 监督应由国家监督委员会执行，该委员会由来自大学、融资机构、科研机构、爱尔兰皇家科学院和其他组织的代表组成；
- 国家监督委员会有责任制定强有力的国家指导方针和方法；
- 爱尔兰皇家科学院要协助鉴定外部输入或被吸引来的国际专家。

在国际科研诚信管理的结构图中，爱尔兰提出的这个模式同英国和芬兰的现有模式处于相似水平，但还达不到像挪威或荷兰那样的国家监督水平，而且比起丹麦和美国（见图4-1）的国家管理结构，差距更大。在短期内，爱尔兰还不可能建立起实力雄厚的国家科研诚信机构。

---

① 欧洲科学基金会（2008），《诚信管理：对保护良好科研行为的国家措施所做的调查》。参见 http://www. esf. org/fileadmin/Public _ documents/Publications/StewardOfIntegrity. pdf（2013 年 6 月 25 日）。欧洲科学基金会（2010），《培养欧洲科研诚信：执行纲要》。参见 http://www. esf. org/fileadmin/Public_documents/Publications/research_integrity_exreport. pdf.（2013 年 6 月 25 日）；完整报告参见 http://www. esf. org/fileadmin/Public _ documents/Publications/ResearchIntegrity _ report. pdf（2013 年 6 月 25 日）。

② 欧洲科学基金会（2011），《欧洲科研诚信行为准则》。参见 http://www. esf. org/fileadmin/Public_documents/Publications/Code_Conduct_ResearchIntegrity. pdf（2013 年 6 月 25 日）。

③ 爱尔兰生物伦理学理事会（2010），《倡导科研诚信的建议》。参见 http://health. gov. ie/wp-content/uploads/2014/07/Recommendations_for_Promoting1. pdf（2013 年 6 月 25 日）。

④ 爱尔兰皇家科学院（2009），《确保爱尔兰科研诚信：讨论文件》。参见 http://www. interacademies. net/File. aspx? id = 14686（2013 年 6 月 25 日）。

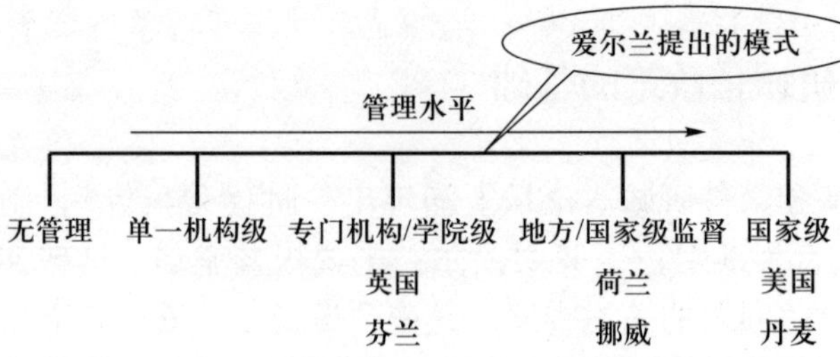

图 4-1　爱尔兰在国际科研诚信管理结构图中的位置

爱尔兰科研诚信方面的国家政策

为了协调基于优选模式的国家政策发展，爱尔兰大学协会于 2011 年成立了国家科研诚信工作组，其代表主要来自三级机构和协会，还有科研融资机构。该工作组建议把国家政策的重点放在预防上，提出政策应致力于制定关于使爱尔兰科研系统良好科研实践的宣传和教育方法的发展的国家指导方针。同时，政策应能满足公正透明地处理科研不端行为的需求，借此确定调查科研不端行为的统一程序，并根据聘用合同以及关于科研不端行为和有问题行为的定义来制定统一的惩罚措施。

根据英国大学联盟支持科研诚信协议①，爱尔兰国家政策②试图为良好科研实践及管理提供一个全面的国家框架，贯彻利益相关者的四点重要承诺，即：

1. 保证科研各环节的最高诚信标准——该承诺将现有的国际诚信指南和行为准则结合起来，设置了良好科研实践的最低标准。

2. 在国家科研环境中创造并保持一种诚信文化——这主要针对科研诚信宣传和教育。这种诚信文化设立了许多原则，例如，在本科和研究生阶段要有正式的科研诚信培训，并且成为学术研究人员的监督培训的一部分。科研诚信教育被认为是有名望的研究者的职业发展过程中的一部分。此外，资助机构应当把科研诚信要求增加到他们的资助期限和条件中。

---

① 英国大学联盟（2012），《支持科研诚信协议》。参见 http://www. universitiesuk. ac. uk/highereducation/Documents/2012/The Concordat To Support Research Integrity. pdf (2014 年 10 月 28 日).

② 爱尔兰大学联合会（2014），《确保爱尔兰科研诚信的国家政策声明》。参见 http://www. iua. ie/wp-content/uploads/2014/06/National-Policy-Statement-on-Ensuring-Research-Integrity-in-Ireland-2014. pdf (2014 年 10 月 28 日)。

3. 协同加强和保卫爱尔兰科研体系的诚信并定时评估进展情况——该承诺规定了国家科研诚信论坛的责任（依靠一个委员会进行国家监督的想法远不足以达到目标），并且包括对科研诚信中的国际合作的监督。国家论坛有望在爱尔兰和国际社会上对分享知识以及理解基于经验的良好科研实践发挥重要的作用。并且通过这一点，促进“良好科研实践指南”适用于爱尔兰，推动教育方案中的标准的开发，以确保爱尔兰的科研诚信。

4. 在科研不端行为出现时，用透明、稳健和公平的流程来解决——这涉及对科研不端行为指控处理的定义和措施。这一准则采取了经济合作与发展组织（OECD）提出的定义，认定伪造、篡改和剽窃是最严重的学术不端行为，但也包括在此范围内的不良科研实践，包括与数据相关的不良行为，个人行为，资金和其他不端行为，以及故意的、有目的的、疏漏的不良研究过程。

除了上述四个重要的承诺，国家政策还制定了一个框架，来确保在调查学术不端行为时有一致的准则。这一框架遵循《欧洲行为准则》，提出了包括四个步骤的流程：

● 对相关指控进行初步调查，审查其是否符合该政策中对学术不端行为的定义。这项调查将由该机构内的主管人员（而非负责研究的副带头人）进行；

● 对指控进行评估，确定是否有足够的证据证明其属于学术不端行为，以展开全面调查。这一步骤由机构内一个内部委员会完成；

● 对指控展开正式调查，查明学术不端行为是否已发生，责任人是谁，严重程度如何以及处罚建议（通过正常的雇佣流程加以推进）。调查委员会中应当有一名外部人员，既能够提供特定的技术专长，又能确保调查的透明度；

● 通过该机构的理事机构和爱尔兰皇家科学院为受调查对象建立上诉机制。

爱尔兰皇家科学院同意设立一个国际专家小组，该小组能够协助机构调查对严重的学术不端行为的指控，并参与到所有上诉中。该专家小组覆盖八大研究领域：物理和化学科学、生命科学、数学科学、艺术与人文、社会科学、工程学、医学以及兽医学。在调查和上诉过程中纳入一名独立的国际专家是爱尔兰大学协会的一个关键环节，大学协会认识到，有了这一做法，调查过程的完整性、透明度和可信度都将得到极大的提升。

爱尔兰未来的举措

2014 年 2 月，爱尔兰启用了一项确保科研诚信的国家政策声明。这是一个令人激动的进步，之前该政策草案的效力在与大学的协商过程中被淡化了。鉴于其缺乏法律支撑，因此存在一种风险，即它可能最终对全国的科研诚信监管过程只能发挥微不足道的作用。

因此，现在的挑战就是如何将科研诚信保留为爱尔兰培养科学研究文化的一部分。良好的科研实践只有在一个包含个人责任的环境中才能蓬勃发展，而培训很明显是将科研诚信原则融入新生科学家科研实践的积极的一步。但是更多高级别科学家的参与和指导也是至关重要的。许多高级研究人员可能不愿意质疑自己的科研行为，因为这种行为到目前为止一直很好地服务于他们。然而，如果一个科研人员达到了一定的优越程度或者有了终身任期就认为不需要更新自己的知识来应对科研诚信的挑战和需求，那就大错特错了。

此外，国家政策的成功实施需要依靠国家推广和机构负责，科研诚信需要每个机构的全力支持和一致努力，这绝对不是轻松可得的。例如，如果不是所有的机构都同意对学术不端行为进行惩处或者揭露不端行为，该怎么办？还有一个棘手的问题是，实施对学术不端行为的处罚是需要机构投入资金的，机构是否愿意？

从一个乐观的角度来看，制定这项国家政策的论证过程已经激起了一场争论，这在爱尔兰（包括整个研究团体）可能是前所未有的。爱尔兰大学协会和爱尔兰皇家科学院等这些科研资助机构和代表性研究机构也会在推进这场辩论以及推动国家政策的实施中发挥重要作用。但最重要的是，整个高等教育界的高级管理人员已经参与到了这个过程中，正是这一群体真正需要把科研诚信推到学术议程的首位，就像他们 15 年前从事科研投入的那样。

（桂茜茜　高怡梦　译）

•第5章 《科研诚信新加坡声明》以及《欧洲科研诚信行为准则》在丹麦产生的影响

尼尔斯·阿尔萨森①

本章简短地介绍了自2010年第二届世界科研诚信大会召开后丹麦国内科研诚信的发展情况。

1992年至2010年丹麦科研诚信的发展情况

1992年，丹麦是继美国之后第一个为处理健康科学领域关于科研不端行为的申诉成立丹麦反科学欺诈行为委员会的国家。1998年，丹麦反科学欺诈行为委员会颁布评判优秀科研实践的准则。1999年，丹麦反科学欺诈行为委员会延伸到所有研究学科。2003年，丹麦反科学欺诈行为委员会在裁决丹麦环境学家比尤恩·隆伯格（《多疑的环境保护论者》的作者）造假案中所做的决定引发混乱，丹麦科研部决定不再让丹麦反科学欺诈行为委员会裁决有争议的研究实践（Questionable Research Practice，QRP）；从那以后，有争议的研究实践由大学负责处理，大学随后成立了所谓的“实践”委员会以承担起发展负责任研究行为（《优秀科研实践评判准则》）的职责。2003年，丹麦反科学欺诈行为委员会被纳入科研咨询法律体系中。2008年，国家血清研究所开展强制负责任研究行为教育，并建立起一个地方性的科研诚信咨询处。2009年，丹麦反科学欺诈行为委员会颁布了修正后的优良科研实践评判准则。1992年至2010年，丹麦的在读博士研究生只上过零星几节关于科研不端行为以及负

---

① 尼尔斯·阿尔萨森（Nils Axelsen），丹麦哥本哈根国家血清研究所（Statens Serum Institut）。——译注

责任研究行为的课程；丹麦反科学欺诈行为委员会颁布的优良科研实践评判准则并不强制要求所有研究机构（除了国家血清研究所）都执行；丹麦的大学也没有对国际社会中越来越多令人恐慌的科研不端行为以及有争议的科研实践给予足够的重视；丹麦反科学欺诈行为委员会平均一年裁决一次科研不端的案例（丹麦总人口达550万），然而重大的科研不端行为都没有被披露出来；丹麦的大学没有采取任何有效的措施来捍卫科研诚信。

所以1992年至2010年间，除去隆伯格造假案，丹麦国内似乎没有发生重大的违背科研诚信的案例。看起来似乎仅仅因为丹麦反科学欺诈行为委员会的存在，丹麦的科研诚信就得到了捍卫。

2010年至2013年丹麦科研诚信的发展情况

第二届世界科研诚信大会召开仅仅4个月后，丹麦突然爆发了一起重大的科研不端案例，即神经科学家米丽娜·彭科娃事件（发生在哥本哈根大学）。这一事件先由一家报社披露出来，随后引发了一场持续约半年之久的媒体热议风暴。社会上或多或少都流传着关于彭科娃事件与相关人员的保密信息和评论，还有许多被误传的概念以及对科研不端以及科研诚信的错误理解。哥本哈根大学的管理模式也遭到外界和内部的质疑，因为它没能揭露这起长达十年的学术欺诈，并且在此期间还将彭科娃作为科研的榜样。对于我们中少数经历过20世纪80年代在英国和美国进行的大讨论并建立起反科学欺诈行为委员会前身的人来说，这一切似曾相识（Anderson等，1992）。彭科娃案件仍在调查中，而且带来了诸多结果，例如，传言保护彭科娃的科研部部长被一位新任部长取代，这位新任部长整整一年都在强化哥本哈根大学的行政监督工作。

在这种严峻的气氛下，很多研究者和科研管理人员认识到他们对科研不端行为、负责任研究行为以及科研诚信保护在国际社会的发展情况知之甚少。我受委托来改善这种局面，并简单概括从反科学欺诈行为委员会建立初期有关保护科研诚信政策的发展情况。包括：

1. 有关科研不端以及有争议的科研实践的统计数据，还有与此相关的研究，大部分研究都在美国完成；

2. 最近欧洲被披露的令人震惊的关于科研不端的事件呈上升趋势；欧洲国家对开展负责任研究行为培训缺乏关注；

3. 关于科研诚信的期刊及学术论文数量增多；

4. 国际出版伦理委员会（Committee on Publication Ethics，COPE）所做的

工作和努力；

5. 识别和关注科研诚信问题的新建网站；

6. 剽窃检测工具；处理科研诚信的成功案例和失败案例；

7. 保护检举者安全的重要性；

8. 欧洲在科研不端行为以及有争议的科研实践等问题方面缺乏协调性；

9. 研究的粗糙之处越来越受关注；

10. 有一个现象很奇怪：欧洲的大学似乎并不能从其他大学自 20 世纪 80 年代到 20 世纪 90 年代的科研不端事件中吸取教训。

若想真正理解这个问题，我们需要广泛搜集已发表的关于全面调查科研不端行为的报道。在欧洲，我们能找到两份绝佳的案例：挪威牙医琼恩 · 苏德波事件调查报告和荷兰心理学家戴德里克 · 斯塔佩尔事件调查报告。我借用一幅漫画来展示机构应该持怎样的态度面对一切（如文末漫画所示）。

人们的反应令人感到惊讶。他们耐心倾听后都表示这出乎意料；有些人很震惊；大多数人都意识到自己对科研诚信了解太少，有很多误解。很多经验丰富的研究者和科研管理人员承认，即使在丹麦，学术造假也是真实存在的；至少我们没有可以用来反驳这一说法的证据。人们普遍认同应该尽快采取措施改变科研造假的现状，捍卫丹麦的科研诚信。但是，具体该做什么？如何做？谁来做？

过去，涉及这些问题的时候，人们通常关注为什么他人必须遵循科研诚信，而不考虑自身的职责。

如今，改变人们的想法并不难，只要参照《科研诚信新加坡声明》（已有英文、丹麦文译本）进行讨论，再加上由欧洲科学基金会和欧洲人文与自然科学院联合会共同制定的《欧洲科研诚信行为准则》即可。

自 2011 年以来，受《科研诚信新加坡声明》的启发，敦促人们尽快行动并有效捍卫科研诚信的国际性文件陆续出台。《科研诚信新加坡声明》仅仅用了一张 A4 纸便列出了每个研究机构需要遵循的准则，如下所示：

1. 建立科研诚信的总体政策；

2. 为负责任研究行为、强制性的负责任研究行为教育制定详细的标准，并建立相应的咨询机制；

3. 确保高级研究者理解、接受相关政策，并且在各自研究领域中自觉接受系统的负责任研究行为教育；

4. 建立处理有关科研不端以及偏离负责任研究行为等的申诉程序；

5. 制定规则以保护秉承诚信信念的检举者，惩罚恶意告密者。

如今，奥尔胡斯大学和哥本哈根大学的健康科学学院都致力于研究这些问题，他们也邀请我参与他们的工作。健康科学领域的制度性政策已基本完善，其他学院的制度性政策也在建设当中。这两所大学都以《科研诚信新加坡声明》和《欧洲科研诚信行为准则》为指导纲领。奥尔胡斯大学和哥本哈根大学正在不断改善其“实践”委员会，并使其独立于大学的管理体系。对于那些参与这项工作的学者来说，具备快速学习能力是一个绝佳机会，因为他们可以更加深入地了解这个领域的知识，例如借鉴国际经验。哥本哈根大学健康科学学院为博士生开设了一门关于负责任研究行为的必修入门课程，学生必须参加考试，这一必修课自 2011 年 11 月份开设以来一直延续至今，如今理科的博士生也必须学习这门课程。在这门课中，学生必须了解和学习《科研诚信新加坡声明》，并且将其作为海报张贴。奥尔胡斯大学健康学院预计于 2014 年分别为其本科生、硕士研究生以及博士生开设有关负责任研究行为的课程。2012 年，哥本哈根大学健康科学学院设置了“记名人”（调查专员）职位，向研究人员提供有关负责任研究行为以及科研不端行为等方面的咨询。同样，奥尔胡斯大学也计划在每个学院设置一个“记名人”。如何能让资深研究人员接触和参与这些活动？这一问题正在讨论当中。奥尔胡斯大学健康学院院长组织了一场关于科研诚信和负责任研究行为的研讨会，参加研讨会的学者很多，其中还包括这一领域的诸多全球重要人物。丹麦研究创新署包含丹麦公共研究理事会和丹麦反科学欺诈行为委员会，如今该机构正与各高校合作制定《丹麦国家科研诚信行为准则》，这不但有助于丹麦其他大学效仿奥尔胡斯大学和哥本哈根大学的做法，而且还有利于统一各项有关科研诚信的规定，其中包括遵循国际规范。大约有 700 名博士生阅读并讨论了《科研诚信新加坡声明》和《欧洲科研诚信行为准则》，另外还有许多研究人员和大学教职工也参与了各种有关科研诚信的活动。

结论

对于那些毫无准备的学术机构来说，重大科研不端事件的公开曝光是一个巨大的打击。而对于那些有准备的机构来说，他们可以从这一事件中吸取经验教训，但是事件详情常常隐藏在机构内固定的圈子中。没有经历过一些科研不端事件的机构很难从中吸取经验教训。如果没有外部的压力（如美国 20 多年前的科研诚信丑闻），没有清楚易懂、简洁权威的指南，想要以理性的方式遵循科研诚信，几乎是一个不可能完成的任务。《科研诚信新加坡声明》和《欧洲科研诚信行为准则》就是这样简明易懂、严谨权威的行动指南。如今，丹麦开始实施文件中的内容，虽然杜绝科研不端行为并非易事，但这仍对首个严重科研不端事件曝光后的丹麦产生了重大影响。在我看来，如果没有这些文件的帮助，尤其是《科研诚信新加坡声明》的帮助，丹麦不可能在彭科娃事件曝光后采取适当的处理措施。

下面这幅漫画简洁地概括了全球各高校对科研诚信的普遍态度。这幅漫画不仅生动形象地说明了针对研究机构制定有力政策的必要性，最重要的是还提供了必要的培训和指导，因为这才是防范科研不端行为和不法行为的最有效措施。

人物说明

他是唯一该受谴责之人吗？或者大学才是真正的罪魁祸首？因为他们才是滋生科研不端行为的沃土。

由于一起证据充分的科研不端行为事件的曝光（已经被剥去伪装外衣的黑羊），秉持“一流大学——我们最棒！”的信念的 100 名大学教职工聚集在一起。以下就是他们的内心独白：

1. 校长："该死的奇异科学网！该死的摄影记者！明天这个消息肯定会登上各大报纸的头版头条。我得赶紧找人商量一下，怎么样能把这件事情盖过去。我必须马上解雇那个愚蠢的家伙，这样才能树立威信和获得信赖。可别发生什么不愉快的事情，希望没人来调查这件事，这样所有的风波就会尽快平息。"

2. 院长："我已经一而再再而三地告诉过系主任了，让他警告那个蠢货做事聪明些，别出乱子。看来我需要一个新的系主任了。"

3. 系主任："这个可怜的家伙是我的老朋友。他只不过是小小地改动了一下数据，说到底，人人都这样做。再说了，院长和系主任对此也没什么意见，认为这没什么大不了的。现在，这些媒体和所谓的道德家纷纷跳出来指责我们，好在我们的大学里可没有这样的人，要不然我们还得把宝贵的工作时间浪费在虚伪的道德和幼稚的培训上。"

4—9："我们有时也会可怜那个人，但是我们只能沉默，否则我们就会失去工作。"

10. "这是个悲剧。我难以想象，在这个举世闻名世界一流的大学里，居然会有科学家做出这样的事。那个人以前可是一直领取科研津贴的风云人物啊！他到底在想些什么?"

11—20：合著者："告密者一定是来自'次一流大学'的某个阴险小人。这对我们和我们小组来说，可真是个噩耗，肯定会影响马上就要到来的政府基金评选。"

21—50："其实我们不是很了解科研不端行为，我们原以为这样的事只会发生在美国。"

51—65："这太可笑了，与我们毫不相干。"

66. 一个未被发现的害群之马："幸好我和校长老早就是好朋友了。而且我做事聪明，没人能发现。"

67—70："谁在乎这些事情。"

71—100：在剩下的大学教职工（没有编号）中，大约 1/3 的教师都在过去的 3 年内有过科研不当行为，但是他们未觉察到自己犯过这类错误，因为从大学的政策来看，保护科研诚信根本不重要。他们本应为此而感到羞愧，但实际并非如此。

A、B、C：次一流大学的高管："看看这些家伙！现在他们在一流大学的处境可不乐观。没什么好惊讶的，他们看起来还真像一群羊。换句话说，这件事对我们来说绝对是个意外收获，这样我们可以争取更多政府基金。"

博士培养基地的羊："上帝啊！救救我们吧！"

[资料来源：科研不端行为的数据来源于丹尼尔·范尼利（Daniele Fanelli）（2009）的论文。本章漫画根据泽维尔·博世（Xavier Bosch）（2010）论文中的漫画进行了修改，并已获得泽维尔·博世的同意。《欧洲分子生物学杂志》（*EMBO Reports*）已同意发表漫画的修改版本。如想获得原版彩色漫画，可联系作者（na@ ssi. dk）。]

参考文献

Andersen, D. , A. Attrup, N. Axelsen *et al.* (1992). Scientific Dishonesty and Good Scientific Practice. Copenhagen: The Danish Medical Research Council.

Boseh, X. (2010). *EMBO Reports*, 11, 252.

Fanelli, D. (2009). *PLoS One*, 4(5), e5738.

（黄 蕾 郭沣仪 译）

• 第 6 章　打造科研诚信和伦理的专业网络：从合作到创新

斯内赞那·克里斯蒂克[①]

科研人员的专业网络与平台在科研诚信和伦理的相关活动中发挥着举足轻重的作用，其结构适合于各类提高科研诚信和伦理的活动、培训和经验分享。除此之外，它们还能给各领域内尖端技术发展提供宝贵见解，识别领域内存在的难题以及发展趋势。国际性与区域性的网络和平台聚集了不同领域和板块的青年科研人员，这点尤为难能可贵。

本章将介绍若干成功案例，主要是关于欧洲青年科研人员的专业网络以及基于这些网络的成效分析。世界科研诚信大会的网络效应及其在更广泛的研究团体中对促进科研诚信所产生的影响也是本章的讨论内容。最后，本章还将介绍创新型专业网络促进科研诚信和伦理的计划。

引言

专业网络对研究团体和研究学会具有多重积极影响。专业研究学会能促进科研诚信和伦理，这点已经得到了认可（Steneck，2003；Macrina，2007）。而且它们在教育、管控、监督以及批准成员资格时（Bullock & Panicker，2003）所发挥的作用以及对出版伦理所产生的影响力（Calleigh，2003）也被经常讨论。然而讨论发现，各专业研究学会与其成员之间的关系的本质也限制着他们提升科研诚信的能力（Anderson & Shultz，2003）。

如今，专业网络被认为是为交流、合作和宣传活动提供各种选择的一种强大工具。它能显著提升科研诚信，同时可能成功跨越传统科学研究学会面对的

---

① 斯内赞那·克里斯蒂克（Snežana Krstic），塞尔维亚独立研究员兼顾问（Independent researcher and consultant）。——译注

种种限制（结构上的或组织上的限制）。它具有很多特点，例如拥有更加富有弹性的组织架构、以面向对象为重点而非严格的学科导向，以及为交流提供了更多的选择（包括非正规的网络）等，这为促进负责任研究的活动和方法开拓了一条新路子。

国际性与区域性的网络与平台汇聚了不同领域和板块的青年研究人员，这点尤为有趣。在详细介绍专业网络建设的案例前，有必要进一步了解世界科研诚信大会对促进科研诚信的影响力。

世界科研诚信大会的网络效应

世界科研诚信大会（第一届2007年在葡萄牙首都里斯本召开）是首个云集不同学科、不同背景以及研究系统各领域国际参与者的全球论坛。第二届世界科研诚信大会（2010年在新加坡召开）以同样的模式汇聚研究者、研究管理人员、政策制定者、出版商以及来自资助机构、专业学会、科学期刊的代表共商科研不端行为的统一政策以及鼓励负责任研究行为大计。新加坡论坛高度重视国际性合作研究的重要性，演讲者和与会者就国际性合作研究展开了热烈的讨论，随后达成了具有里程碑意义的科研诚信文件（Kleinert，2010）——《科研诚信新加坡声明》。该声明突出了负责任研究工作的重要性，也为日后携手制定提高科研诚信意识与负责任科研工作的指导性文件以及开展活动奠定了基础和框架。

世界科研诚信大会虽然并非正式的协会或网络，但它鼓励在全球范围内加强合作。会议间隔期内或会议进程中所持续产生的网络效应可以被认为是加深了对全球科研全貌的理解，同时也促进了对以共同目标为导向的诸多举措的理解，这一共同目标就是提高更负责任的研究意识。世界科研诚信大会也是个体参与者在专业网络内发起相关活动的动机来源。

对青年科研人员网络给予特别关注

对青年科研人员网络给予特别关注是因为人们注意到对于知识的需求转移到了与科研诚信有关的各种问题和活动上来。这一需求得到了关注，活动的开展得益于作者在网络中的个人参与以及已经建立起来的良好合作。此外，青年科研人员事业刚刚起步，如果此时他们可以与同辈一起完成科研工作，则有机会带来长期的效益，也使他们能够采取前瞻性措施应对所面临的挑战，这一点已经得到了认可。

例如，前两届世界科研诚信大会后发展起来的欧洲博士生及青年研究者理事会（European Council of Doctoral Candidates and Junior Researchers）内的合作就比较有趣。这一网络组织积极举办各种旨在提升科研伦理意识效应的活动，这些促进科研伦理的活动本身具有研究性的特征。

欧洲博士生及青年研究者理事会开展的科研诚信调查特别聚焦于青年科研人员，这在欧洲也属首次。它探索了科研诚信的各种问题，涉及科研事业刚刚起步的科研人员（博士和博士后），这些问题包括对科研诚信的认识、理解、培训、机构及其主管的作用、面临的难题和挑战、网络时代的学科差异和传统。虽然本章未对调查结果进行介绍和讨论[①]，但是该调查所得出的普遍结论对于更好地理解专业协会在促进负责任的研究行为中的重要性具有借鉴意义。调查结果凸显了很多问题，用其他方式难以发现。这些问题涉及机构的作用，还与青年科研人员会因前辈同事的科研不端行为而面临的一些问题有关。调查还展现了青年科研人员积极学习，参与围绕科研诚信进行的讨论。另外，调查还揭示了欧美之间在获得相关培训机会上的差异。

调查过后，欧洲开展了一系列提高科研诚信认识的活动。2011 年的维尔纽斯欧洲博士生及青年研究者理事会年度大会上，成立了首个欧洲科研诚信工作坊，并取名为“新一代科研人员的科研诚信”。该工作坊的组织者和目标服务对象均为博士生和初级科研人员。他们与来自联合国教科文组织、国际出版伦理委员会的演讲者携手合作，利用世界科研诚信大会的网络使初级科研人员获得了培训和讨论的双重机会。

另一项盛事是 2012 年在欧洲科学开放论坛（Career Programme of Euro-science Open Forum）的职业项目中举办的圆桌会议之“科研伦理——为什么对我很重要?”此次圆桌会议更有特色，参与度也更高。几位著名演讲者和一些机构参加了此次会议，会议从不同的角度探讨了科研伦理原则的重要性。除了对于学科相关因素的考虑，会议的关注点主要集中在可能影响科研人员事业的科研诚信因素上。

据观察，青年科研人员对此反馈相当积极，许多人表示，他们提出科研诚信问题和开放辩论空间时受到了鼓励。同时创造一种信任的氛围也是一个重要的要素，特别是在涉及研究青年科研人员特殊地位的调查和问题中尤为突出。而且越来越多的人也对此改变了态度。

---

① 更全面的调查结果见另一篇即将发表的论文。

青年科研人员网络的多重效益

基于这些例子和其他相关活动，青年科研人员网络能够带来显著的效益。青年科研人员非常期望能有机会以非正式的方式与同辈科研人员一起学习和交流经验，尤其当他们无法在所属机构中获得适当的培训时，这种期望就更为强烈。此外，在以跨学科、跨领域的合作、流动性和合伙关系为特色的科学全球化的时代，这些国际网络汇聚了来自不同学科的参与者，创造出适合于同行交流经验和互相学习的真实机会。在国际化网络中，初级科研人员可以按照自己的需求和偏好参与讨论，组织活动。政策制定者参与到国际化网络中来，可能有助于他们发挥较高的政策制定水平。无论是从分析还是从宣传科研诚信层面，国际化网络都可以提高公众参与度，形成相关问题的积极处理方法。通常情况下，青年科研人员在自己所属机构中没有机会参与这类活动。最后，这些国际化网络还有一个重要效益，即知识的传递——科研人员能将知识传递给自己的机构，同时这些知识也将贯穿他们科研事业终身。

采取创新型做法促进负责任科研工作

2012年，基于与青年科研人员网络合作得来的经验以及对其带来的效益、科研人员的需求和网络特定限制的理解，伦理研究计划（Ethics in Research Initiative）应运而生。它是一个社会创新型网络平台，尤其聚焦于青年研究者，但也对其他利益相关者开放合作。该网络平台发展了结构更加弹性、国际参与度更高的合作（不仅限于欧洲），并开展培养科研人员创新性思维和兴趣的活动。在上文提到的圆桌会议相关活动组织过程中，该网络平台也发挥了积极的作用，它吸引了更多的青年科研人员参与其中，促进科研诚信意识的提升。

结论

对青年科研人员来说，网络和平台能提升科研诚信意识，还在某种程度上对弥补所属机构缺乏培训的情况具有非常重要的意义。网络和平台能为科研人员和更多研究团体带来多重效益，包括国际性、跨学科、跨领域环境下的合作弹性结构、知识转移机会和公众参与主动性等。这类网络也是应对挑战、设计符合现实或未来需要的培训项目的宝贵资源。

参考文献

Anderson, M. S. and J. B. Shultz (2003). The role of scientific associations in promoting research integrity and deterring research misconduct. *Science and Engineering Ethics*, 9(2), 269 – 272.

Bullock, M. and S. Panicker (2003). Ethics for all: Differences across scientific society codes. *Science and Engineering Ethics*, 9(2), 159 – 170.

Calleigh, A. S. (2003). Roles for scientific societies in promoting integrity in publication ethics. *Science and Engineering Ethics*, 9(2), 221 – 241.

Kleinert, S. (2010). Singapore embraces international research integrity. *The Lancet*, 376(9739), 400 – 401.

Macrina, F. L. (2007). Scientific societies and promotion of the responsible conduct of research: Codes, policies, and education. *Acad. Med.*, 82(9), 865 – 869.

Singapore Statement (2010). Singapore Statement on Research Integrity. Available at www. singaporestatement. org (accessed on 3 July 2013).

Steneck, N. H. (2003). The role of professional societies in promoting integrity in research. *American Journal of Health Behaviour*, 27(3), S239 – S247.

1st WCRI (2007). ESF – ORI First World Conference on Research Integrity: Fostering Responsible Research. Available at www. esf. org/index. php? id = 4479 (accessed on 3 July 2013).

2nd WCRI (2010). 2nd World Conference on Research Integrity. Available at www. wcri2010. org (accessed on 3 July 2013).

（籍嘉颖　译）

• 第 7 章　澳大利亚最新发展动态

蒂莫西 · M. 戴克①

澳大利亚有三项国家标准，为全国的研究活动提供框架指导：

- 《澳大利亚负责任研究行为准则》(2007)
- 《关于人类研究中伦理行为的国家声明》(2007)
- 《澳大利亚实验动物的管理和使用准则》(2013)

上述标准均由澳大利亚两大政府资助机构——澳大利亚国家健康与医学研究理事会、澳大利亚研究理事会（Australian Research Council，ARC）与主要大学联盟（澳大利亚大学联盟）——共同制定。

负责任研究行为

《澳大利亚负责任研究行为准则》(2007) 为涉及数据管理、监督、出版、署名权、同行评审、利益冲突管理以及合作研究等领域的良好的科研行为和实践提供指导原则。此外，该准则还规定了研究机构及研究者的责任，并进一步解释了处理科研不端行为的指控。

研究治理在很大程度上是一项体制责任。机构提出要求，并监督遵循情况。由澳大利亚国家健康与医学研究理事会批准科研机构管理公共资金，通过澳大利亚国家健康与医学研究理事会与科研机构签订的资助协议和投诉机制监管科研活动。

---

① 蒂莫西 · M. 戴克（Timothy M. Dyke），澳大利亚国家健康与医学研究理事会（National Health and Medical Research Council）。——译注

澳大利亚国家健康与医学研究理事会接受科研不端行为举报的途径包括：

- 资助协议要求研究机构收到举报后（10 日内）需通知澳大利亚国家健康与医学研究理事会；初步调查或正式调查后做出的决定及做出该决定的理由，并需告知澳大利亚国家健康与医学研究理事会；
- 公众或被举报者的同事直接向澳大利亚国家健康与医学研究理事会举报；
- 同行评审科研经费申请的过程中，由评审员提出举报。

针对通过上述三种途径的举报，我们都会要求相关机构开展调查，并对调查过程予以监督。收到研究机构的调查决定后，我们会考虑采取进一步行动。公众如果对某一研究机构处理科研不端行为过程中采用的方法有所忧虑，也可要求澳大利亚科研诚信委员会审查这一案件。该委员会成立于 2011 年 2 月，其职责是告知澳大利亚国家健康与医学研究理事会或澳大利亚研究理事会首席执行官，科研机构处理科研不端行为过程中采用的方法。截至本次大会召开时，委员会已经收到 4 项审查请求。澳大利亚国家健康与医学研究理事会等资助单位会对科研不端行为采取切实行动。

政策的执行情况

2013 年之前的 5 年间，澳大利亚国家健康与医学研究理事会共收到关于科研不端行为的举报 52 项，其中 35 项由研究机构、被举报人同事或第三方提出，其余 17 项则是在经费申请评审过程中被发现的。

35 项由机构、被举报人同事或第三方提出的举报，问题涉及署名权、数据的未授权使用、研究过程中的问题、剽窃、篡改、伪造、动物及人类的不道德使用、欺诈以及其他未详细说明的可疑的科研实践行为。

剩余 17 项在经费申请评审过程中提出的举报，问题涉及剽窃、篡改、伪造、研究过程中的问题以及简历造假。

全部 52 项举报中，2 项涉及欺诈，9 项涉及科研不端行为，9 项涉嫌违规或科研实践存疑，26 项经调查指控不成立，剩余 6 项则仍在调查中。

（金　艳　译）

第二部分

原则和责任

科研诚信的公认原则和责任是为强化负责任科研行为寻求全球性的解决方案。然而，如阿诗玛·阿南德所探讨的，署名标准还有很大差异，其所赋予的责任——包括研究成果的发布，需要成为约定的署名原则不可分割的组成部分。实际上，举例来说，国际医学刊物编辑委员会（International Committee of Medical Journal Editors）已经加强了署名的指导方针，增加了第四条标准："同意对作品的所有方面负责，保证与作品任何部分的精确性或诚信有关的问题都得到适当的调查和解决。"

查尔斯·马森和莫德·拉里波提在一个案例研究中发现，另一个有争议的领域——利益冲突——在魁北克健康看护人员伦理准则中出人意料地鲜有提及。他们建议，伦理准则不仅在准确描述科研行为中可能发生的利益冲突方面发挥作用，还能提出可能的管理策略，并和科研伦理委员会密切配合，真正实现对利益冲突的管理。从个人研究者角度出发，处理现有的利益冲突或竞争利益的最佳办法是在所有阶段都将透明程度最大化。

可变性和不确定性是科学探究所固有的，需要明确区别可变性导致的科学错误和真正的欺诈案例。让-皮埃尔·阿历克斯赞成把科学作为一个动态过程加以考察，后续研究结果相悖，发现不应混淆为学术不端。当编辑不得不决定采取适当措施以纠正科学证据时——例如发布更正、撤稿或重复发表启事——这个区别就显得尤其重要。虽然这类行为对学术不端和真正的科学错误都很重要，但它们并不适用于科学知识的演进。

不同的公认要求和原则之间可能会产生紧张关系，尤其是在跨文化和跨学科研究中。卡罗琳·怀特和克里斯蒂娜·埃弗雷特提交了一个非常有意思的澳大利亚案例，是关于在属于原住民的土地上所进行的研究，例子表明伦理委员会的角色可以得到延伸，为身处不熟悉的文化环境中工作的研究人员提供支持和指导，哪怕这并不是特定研究领域的要求。他们认为，科研诚信的一个关键方面就是任何研究都要获得伦理同意，应该被视为提供顾问意见、指导和支持，超越了研究应用过程中所要克服的另一个行政性障碍的严格解释。

海琳·因吉尔德提议进行类似于医学界的希波克拉底誓言那样的科学宣誓，认为这可能会强化科研人员在诚信方面的意识和责任感。宣誓作为一个非常个人化的承诺，可能会加强科研人员对超越于个人研究行为之上的社会责任感的理解。此外，这样的公开承诺也凸显了违背科学规范和标准的行为并不完全发生在个人层面，而至少有部分原因是科学活动的组织和奖励方式所引起的。

最后，提出了流行游戏《蛇梯棋》的新玩法：谁会从临床试验的起点最快抵达研究诚信？谁能利用负责任研究的阶梯取得最快的进展？谁会由于有问题的科研实践而滑落？卡梅尔·克莱拉－杰里科请本书所有读者来找出答案。

萨宾·克莱纳特

• 第 8 章　决定署名的要点

阿诗玛 · 阿南德[①]

国际科学理事会（International Council of Scientist）第五条是"科学普适性原则"，也指科学中的自由与责任，它表明自由和负责的科研实践对于推动科学以及人类与环境的福祉至关重要。该条规定，"本着诚信、尊重、公平、信任和透明的原则，在不同层次开展科学交流都需要有责任意识，并认识到这么做的益处和潜在危害"。在这些责任中，我将讨论科学工作的交流问题，如本着尊重和公平的心态撰写科研论文。其中重要的一点是恰当地署名，即给予贡献突出者应有的认可。研究报告的发表是各机构资助研究的一项要求。从广义上来说，出版给予作者学术和专业地位以及所研究领域的声望，并最终推动他们的事业。而且丰富的出版作品能让作者有资格申请不同的奖项或者被这些奖项提名，最终建立自己的学术帝国。后者的一些研究项目逐步得到认可的原因是他们做出了独特的贡献，建立了新的研究中心甚至研究机构。

存在的问题

然而，越来越多的年轻学者对在自己撰写的研究论文上署名为第一作者遭拒甚至没有署名表达了抱怨和不满。这是最近几年才出现的现象。先前，大多数的研究是在同一个实验室完成的，论文只有一个或者最多两个作者。同事们仅在不同部门间开展合作研究。但是，现在的科学学术论文有很多作者，甚至有时多达 100 位到 300 位不等，这是因为现在的研究不仅是不同部门的合作活

① 阿诗玛 · 阿南德（Ashima Anand），印度德里大学；国际科学理事会关于科学行为自由与责任委员会（Delhi University; ICSU Committee on Freedom and Responsibility in the Conduct of Science, CFRS）。——译注

动，而且是不同机构间的合作活动，甚至是全球范围内开展的合作。

不恰当的署名

署名能带来很多好处，但对真正应该署名的人来说就降低了他们的声望。那些未参与科研的人，要么是机构的负责人，要么是实验室的负责人或者高级成员，而研究发起者认为他们非常重要，将他们的名字列在作者栏中，这种情况使得不恰当的署名问题日益突出。当一些机构在研究成果中写入“影子作者”的名字时，如那些撰写论文但未参与研究的人，不恰当作者署名的情况就变得更为复杂。在一些公司和企业开展的研究工作中，这种情况最为常见。

恰当的署名或标注作者信息的基本标准

指定为作者的个人本应该对研究的概念和设计，数据的监督和获取，论文的实质部分的分析、解释和撰写做出实质性贡献，并且完成文章大部分的写作。但是就列出的作者而言（并非所有学科都如此），定义上或实际上的第一作者是指做了大部分的实验工作、撰写大部分论文，从而能够解答读者的疑问并能应对他们的批评。因此，在很多情况下，这也成为一个有争议的话题，因为有些期刊不顾个人的贡献大小，要求作者名字按字母顺序排列，从而降低了名字次序的重要性。但当个人申请工作或职位时，必须提供他们的出版物清单以说明他们在科学研究上的地位，问题由此产生。例如，印度医学委员不会聘请那些名字出现在第三作者位置的申请人。从上述的例子可以看出，我们能区别对研究做出贡献但是没有资格署名的人。他们可能对论文提供技术援助，运行重要的设备，为大型研究搜集数据，或者帮助那些可能作为研究对象的病患，又或者进行了数据分析。另外，在论文完成后，他们也可能会参与研究项目的募资或者编辑文稿。这类贡献者没有知识产权，不对最终产品或调查结果负责。但是，最终他们的名字可以出现在需要感谢的贡献者的名单中。

署名的责任

必须指出，对作者署名的要求并非只有恰当而已，而是要承担许多责任，这些责任必须得到个人的承认并对研究结果负责，特别是出现争端时。争端的具体形式是可能会对已发表的论文造成挑战，或作为论文抄袭的指控。

恰当署名最重要的标准

最后，我们还忽视了这样一种事实：作者的任务不局限于通过署名来表明自己的贡献和对研究结果负责。已经被创造和出版的科学知识现在需要广泛传播，而这一工作是通过组织科学会议、研讨会和座谈会来完成的。

拥有作者署名意味着他们能够展示相应的作品，回答别人的提问，指出未来的发展方向。因此，不管他们的贡献是 10%、20% 或者更多，只有当他们能将作品展现给别人时，他们才能称得上够格的相关论文的作者。否则，只能说他们对研究做了些许贡献。

（李　琳　译）

• 第 9 章　研究中的利益冲突：职业道德准则的缺陷

查尔斯·马森　莫德·拉里波提[①]

引言：研究中的利益冲突

利益冲突（Conflict of Interest，COI）可能会影响到决策的客观性、公正性以及可信度（英国皇家学会知识产权社会工作组，2003；Fersko & Merabet，2004）。在研究涉及的医疗行业人员中，利益冲突可能会逐渐破坏人们对其信任从而使特权人员的声誉和社会地位受损（Roseman，2012）。利益冲突的定义有很多种，主要取决于它处于何种文本中。然而，在任何情况下，利益冲突都指的是倾向于妨碍做出合理判断的因素（Davis & Stark，2001）。在专业实践中，利益冲突指的是：行业人员在考虑到首要利益（例如其患者的利益），渴望获得次要利益（例如其本身利益）的情况下，有可能做出的不公正的判断（美国国家科学院医学研究所，2009）。次要利益通常是经济收益（Rodwin，2011），但其他利益也可能影响专业判断，例如声誉或同行的认可等。

在研究环境中，次要利益也可能包括希望继续获得经费或在重要期刊上发表文章，但是首要利益关系到患者的利益以及在方法论、证据或结论方面研究的有效性（Davis，1999）。研究结果表明，特定的商业压力可能导致道德研究委员会做出草率的道德评价，消极的研究结果被禁止发表，一些研究者的言论被封锁（Baylis，2004），还可能导致研究者缺乏保护，受到其合作公司的不正当影响带来的伤害（Schafer，2004）。这种情况下，医疗行业人员可能被要求以职业责任和研究责任为代价支持商业优先事项。因此，从道德层面上讲，当利益冲突出现时，让医疗行业人员能自由支配其必备手段来识别、理解并管理

① 查尔斯·马森（Charles Marsan）、莫德·拉里波提（Maude Laliberté），加拿大蒙特利尔大学（Université de Montréal）。——译注

这些利益冲突至关重要。

医疗的主要效忠对象：患者还是研究参与者?

在研究中，医疗行业人员面临的一个难题是他们并不能总是对研究和关爱做出明确区分。一些内科医生说："作为临床医生，我们有义务把患者的需求摆在第一位。作为调查者，我们对将来的患者也负有义务，他们也许会从我们的研究中获益。研究目标有时候可能会与我们对每一个患者的诚信义务产生矛盾。"（Pawlik & Schwarze，2012）在这种情况下，患者（自身具有良好的科学行为的患者除外）可能带着错误的印象去参与临床试验，即认为他们身上的最大利益就是医生的首要利益（Miller & Rosenstein，2003）。如果研究参与者未能认识到参与研究或许需要放弃对患者的特别关爱——这种特别关爱通常被视为医患关系，那么这种情况通常被称为治疗性误解（Therapeutic Misconception）（Appelbaum 等，1987）。这明显引起了人们对许多研究参与者的同意权效力的担忧（人体放射性试验顾问委员会，1995；国家生物伦理学顾问委员会，1998；Morin 等，2002；Kahn & Mastroianni，2001；Wolf & Lo，2000；Miller & Rosenstein，2003；Moreno，2003）。同样是受医疗行业人员照顾的患者，难道研究参与者就不能期望享受与其他患者一样的关心吗?

很多社论和文章可以证明，这些双重忠诚情况对临床研究者的意图、目标以及责任提出了存在争议的难题（Schafer，1982；Freedman，1987；Passamani，1991；Marquis，1999；Emanuel & Miller，2001）。其中一些情况甚至对患者可能被当作"小白鼠"对待提出了担忧（Lemonick & Goldstein，2002）。因此，考虑到内科医生通常同时身兼两职，他们必须向患者解释，在研究环境中，参与者要冒着接受治疗效果不理想的风险。所以，职业道德准则应该包括医疗行业人员向研究参与者声明自己的义务和责任所在，这一点上目前应该和其他患者的待遇一样。如果有些研究利益可能损害专业判断，那么职业道德准则中这一点尤其重要。

目前在专业实践领域研究利益冲突非常困难，因为利益冲突一词具有贬义，而且可能与欺诈或腐败联系在一起（Williams-Jones 等，2013）。此外，还有人担心医疗行业可能对利益冲突的构成和应如何管理利益冲突了解有限（Rodwin，2011）。将利益冲突这个概念拓展至个人利益、机构利益以及非经济利益的同时，需要有一种建设性的方式来阐明这个概念。利益冲突通常在无可避免的情况下出现，医疗行业人员和研究者必须学会管理利益冲突。尽管人们提高了对研究中出现的利益冲突的潜在影响的意识，但可获得的关于职业道德准则如何助力于利益冲突管理的信息仍然不多。

在加拿大魁北克省，职业委员会由魁北克省跨专业委员会（Quebec Inter-professional Council）领导，被委派且授权保护大众。这些公认的行业具有特定的特权，例如拥有参加仅限于行业内部人员的活动的权利。这些特权也伴随着义务，这些义务铭刻于像职业道德准则这样的规范性文件之中。职业道德准则是规定职业行为的内容并且鼓励行业人员遵守的规范性公约（Banks，1998）。该准则是通过明确说明什么是理想的职业标准、职业原则和预期行为得以制定的（Railborn & Payne，1990）。该准则采用职业标准，确保行为在道德框架的建立过程中符合道德，为行业人员提供指导方便起到了至关重要的作用（Davis，1991，2003）。此外，道德准则还有许多其他功能，例如促进公众责任感，提高实践标准，保护患者利益以及捐助者社会期待（Banks，1998；Swisher & Hiller，2010；Greenfield & Jensen，2010）。

在本章中，我们将魁北克省作为案例来研究，通过将医疗行业人员的职业道德规范作为立法框架进行检验，来分析研究中的该行业人员的利益冲突规范：不同的行业协会如何规定团队成员在各自道德准则下的预期行为？可供行业人员参考来帮助他们管理研究中的利益冲突的指南是什么？这个指南是否有用？

方法论

在魁北克省，有 44 种正式职业拥有其特定的道德准则。其中，27 种职业为医疗职业（参见表 9-1）。医疗职业在这里被定义为这样一群人：他们运用自己的技术和判断力来维持或提高个体的健康水平，为受伤、生病、饱受残疾和缺陷痛苦的个体提供护理和治疗。我们在这个表格的职业一栏加上了兽医学行业人员，因此这个行业的准则可以加深我们对利益冲突这个概念的理解：该准则既适用于人类患者（人），也适用于非人类患者（动物）。我们通过魁北克省行业间委员会网站收集了医疗行业人员的所有道德准则（数量 = 27），接下来核查了研究中涉及利益冲突的准则。

表 9-1 以研究中的利益冲突为主题的条款

医疗职业	道德准则	描述研究中的利益冲突的条款	制定年份
护士	I8 r9	#23 和 # 24. 1	2005
内科医生和医生	C26 a87	#78	2002
理疗医师、物理康复治疗师	C26 r197	#100	2007
心理医生	C26 r. 212	#74	2008

为了在 27 种准则中找出相关的条款，我们对每份文件都用关键词“利益”“诚信”和“研究”进行了系统的搜索。两位研究者阅读了所有准则以确保在研究中涉及选定的利益冲突的主题都能被找出。这是分析工作的第二阶段，这一阶段没有找出任何其他条款。对于通过关键词搜索找到的条款，我们进行了主题内容分析。在分析的第二阶段，为了确认准则中与利益冲突相关的条款是否有用，我们对这些条款在纪律审裁委员会听证会的运用进行了调查（通过 CanLⅡ搜索识别条款。CanLⅡ，即加拿大法律信息学会，是一个非营利组织，免费提供网上访问加拿大范围内所有法庭判决的服务）。

结论

令人惊讶的是，魁北克省医疗职业的 27 种职业道德准则中只有 4 种谈到了研究中的利益冲突，这些职业是：护士、内科医生、理疗医师和心理医生（参见表 9-1）。2005 年，护士和内科医生的职业道德准则中第一次使用了研究中的利益冲突这一概念；紧接着，理疗医师和心理医生的职业道德准则中也引入了这个概念。护士的护理准则提到了应该避免利益冲突，尤其是在专业活动或研究活动中应该避免。该准则声明了参与研究的护士“必须申述自身的利益，并向道德研究委员会说明任何明显或潜在的利益冲突”。内科医生、理疗医师和药剂师的职业道德准则中也出现了类似的措辞。此外，内科医生、理疗医师和药剂师的职业道德准则还声明了所有本职工作者“必须不能参与任何协议，也不能接受或给予任何会对其职业独立性造成怀疑的补偿”。最后，内科医生和理疗医师的职业道德准则附加了因花费时间和付出专业技术而获取的报酬或补偿“必须合理且报备至道德委员会”。我们已就这五项条款是否在纪律审裁委员会有所运用进行核实（通过 CanLⅡ搜索），结论是没有找到其中任何一项。

讨论

前文已经提到，魁北克省医疗职业的 27 种职业道德准则中只有 4 种（15%）涉及研究中的利益冲突的概念。涉及的内容是让本职工作者向道德研究委员会说明他们的利益和利益冲突所在。同时，我们发现有些行业协会对由利益冲突引发的问题有很好的认识。例如，2007 年魁北克省医生协会发布了一篇富有文采的报告，报告中描述了由角色冲突、利益冲突、双薪情况、招聘研究参与者、同意权和告知义务引发的问题（Collège des médecins du Québec,

2007)。因此，这一认识竟然未能在职业道德准则反映出来，是有些令人惊讶。尽管研究中的利益冲突有可能引发重要问题，但我们发现那五条职业道德准则甚至根本没有提及“研究”二字。

职业道德准则是提高医疗行业人员共同的价值观、义务和责任意识的重要手段，也是制裁那些违背职责的人的一项机制。然而，我们在研究中发现，涉及研究中的利益冲突这一主题的条款从未在行业法庭法律中使用过，虽然我们不知道是否有任何这类案件曾参照其他实例解决。是否这些职业规则就简单地把皮球踢给了道德研究委员会法庭呢？如果是这样，谁应该为医疗行业人员的存在问题的利益冲突承担责任？因为研究中的利益冲突牵涉到一些重要的义务和责任，所以我们相信行业协会是最具有实行规范并且帮助管理这些问题的权威机构。这些行业道德准则之所以缺少与研究中的利益冲突相关的条款，我们推测可能是因为先前没有向道德委员会投诉过，但这并不意味着不存在问题，仅意味着让行业人员和公众了解这个问题的重要性还有许多工作要做。

总结

当专业人员追求自身的利益（或者同事的利益）而非患者的利益、研究参与者的利益以及良好的研究行为时，利益冲突就会产生。研究中的利益冲突的概念极其模糊，并可能对临床研究中的行为产生重大影响，甚至可能会对参与研究的患者造成伤害，从而使公众对科学的信任度降低。其中，我们需要反思的一个问题是医疗行业人员的双重角色问题。他们在进行研究时，其首要利益既不单是患者，也不单是研究，而是二者都有。因此，他们应该留心这种平行责任（对患者和对科学的责任），并且根据利益冲突情况带来的风险，管理这些情况。我们建议行业协会应该对其行业人员的行为负责，不论是临床实践行为还是对人类的研究行为（目前通常是临床实践行为）。这需要各行业协会在其各自的职业道德准则中清楚、准确地对可能出现在研究中的利益冲突进行描述，对合适的管理策略进行阐述，并且在与道德研究委员会合作时，要确保行业中的任何利益冲突有恰当的管理方式。但鉴于魁北克省目前的状态，在研究中的利益冲突真正成为医疗行业一个重要课题前，人们对这个问题的认识明显需要提升。

参考文献

Appelbaum, P. S. , L. H. Roth, C. W. Lidz *et al.* (1987). False hopes and best data: Consent to research and the therapeutic misconception. Hastings Center Report, 17(2), 20-24.

Baylis, F. (2004). The Olivieri debacle: Where were the heroes of bioethics? *Journal of Medical Ethics*, 30, 44-49.

Banks, S. (1998). Codes of ethics and ethical conduct: A view from the caring professions. *Public Money and Management*, 18(1), 27-30.

Davis, M. (1991). Thinking like an engineer: The place of a code of ethics in the practice of a profession. *Philosophy and Public Affairs*, 20(2), 150-167.

Davis, M. (1999). *Ethics and the University*. London: Routledge.

Davis, M. (2003). What can we learn by looking for the first code of professional ethics? *Theoretical Medicine and Bioethics*, 24(5), 433-554.

Davis, M. and A. Stark (2001). *Conflict of Interest in the Professions*. Oxford: Oxford University Press.

Emanuel, E. J. and F. G. Miller. (2001). The ethics of placebo-controlled trials —a middle ground. *The New England Journal of Medicine*, 345(12), 915-919.

Faden, R. (1996). The advisory committee on human radiation experiments. Hastings Center Report, 26, 5-10.

Fersko, R. S. and H. Merabet (2004). Sponsored research and the public's right to know. *Drug Development Research*, 63(3), 103-111.

Freedman, B. (1987). Equipoise and the ethics of clinical research. *The New England Journal of Medicine*, 317(3), 141-145.

Greenfield, B. and G. M. Jensen (2010). Beyond a code of ethics: Phenomenological ethics for everyday practice. *Physiotherapy Research International*, 15(2), 88-95.

Kahn, J. P. and A. C. Mastroianni (2001). Moving from compliance to conscience: Why we can and should improve on the ethics of clinical research. *Archives of Internal Medicine*, 161(7), 925-928.

LeBlanc, M. -H. , S. Audy, M. Billard, J. Brophy, J. de Champlain, M. Deschênes, M. Dupré, J. Lenis, M. Marchand (2007). Collège desmédecins du Québec: Le médecin et la recherche Clinique.

Lemonick, M. D. and A. Goldstein. At your own risk (22 April 2002). *Time*, 46-56.

Marquis, D. (1999). How to resolve an ethical dilemma concerning randomized clinical trials. *The New England Journal of Medicine*, 341(9), 691-693.

Miller, F. G. and D. L. Rosenstein (2003). The therapeutic orientation to clinical trials. *The New England Journal of Medicine*, 348(14), 1383 - 1386.

Moreno, J. D. (2003). Abandon all hope? The therapeutic misconception and informed consent. *Cancer Investigation*, 21(3), 481 - 482.

Morin, K., H. Rakatansky, F. A. Riddick *et al.* (2002). Managing conflicts of interest in the conduct of clinical trials. *JAMA*, 287(1), 78 - 84.

NCBI Bookshelf, A service of the National Library of Medicine, National Institutes of Health and Institute of Medicine (US) Committee on Conflict of Interest in Medical Research, Education, and Practice (2009). In *Conflict of Interest in Medical Research, Education, and Practice*, B. Lo and M. J. Field (eds.). Washington, DC: National Academies Press (US).

Passamani, E. (1991). Clinical trials — are they ethical? *The New England Journal of Medicine*, 324(22), 1589 - 1592.

Pawlik, T. M. and M. L. Schwarze (2012). *Ethics in Surgical Research* (Chapter 4). Baltimore, MD, USA: Department of Surgery, Johns Hopkins University School of Medicine.

Raiborn, C. A. and D. Payne (1990). Corporate codes of conduct: A collective conscience and continuum. *Journal of Business Ethics*, 9(11), 879 - 889.

Rodwin, M. A. (2011). *Conflicts of Interest and the Future of Medicine: The United States, France and Japan.* New York: Oxford University Press.

Roseman, M. (2012). Reporting of conflicts of interest from drug trials in Cochrane reviews: Cross sectional study. *BMJ*, 345(e5155), 1 - 10.

Royal Society Working Group on Intellectual Property (2003). *Keeping Science Open: The Effects of Intellectual Property Policy on the Conduct of Science.* London: Royal Society.

Schafer, A. (1982). The ethics of the randomized clinical trial. *The New England Journal of Medicine*, 307(12), 719 - 724.

Schafer, A. (2004). Biomedical conflicts of interest: A defence of the sequestration thesis — learning from the cases of Nancy Olivieri and David Healy. *Journal of Medical Ethics*, 30(1), 8 - 24.

Swisher, L. L. and P. Hiller. (2010). The revised APTA Code of Ethics for the physical therapist and Standards of Ethical Conduct for the Physical Therapist Assistant: Theory, purpose, process, and significance. *Physical Therapy*, 90(5), 803 - 824.

Williams-Jones, B., M.-J. Potvin, G. Mathieu and E. Smith (2013). Barriers to research on research ethics review and conflicts of interest. *IRB: Ethics & Human Research*, 35(5), 14 - 20.

Wolf, L. E. and B. Lo (2000). Ethical issues in clinical research: An issue for all internists. *American Journal of Medicine*, 109(1), 82 - 85.

（李懿蒙　译）

·第 10 章　错误和欺诈：模糊的界限

让-皮埃尔·阿历克斯①

通过小步骤改进，以检验范式的价值和限度（Kuhn，1962），科学有时会产生新的理论，而这些新兴理论很可能是伪造或虚假的（Popper，1934）。研究中需要付出无数艰辛努力，通过在整个实验和实验结果发表前后整个过程中多次的测试，例如同行审查，研究才能不断取得成果。

探究新领域，研究过程中要允许大家犯错，有时错误可能比我们想象得还要多。错误有可能会发生也有可能不会发生。如果研究过程不规范而且没有进行严格的审查，那么就可能会出现欺诈和错误。如果错误有机会在发现时就被纠正，那么欺诈就无法被容忍：这对研究同事是不尊重的，也会减缓知识积累的进程。此外，它还会影响研究机构——它们是科学家“诚实”的雇主，也会影响全社会研究应用成果，从而影响到每个人的生活（例如药物领域）。

欺诈对科学研究过程和整个社会而言都是不正当的。这类案例似乎在不断增加，研究机构不得不处理这些问题。在处理这类案例时，整个过程中的第一步最关键。我们需要正确地分析一下这所谓的案例是基于错误还是不当行为。只有分析事实才能决定是否存在不当行为，即违反了科学价值。

本章土要分析科学中不确定性的来源，并提出了一些准则，用于分析是否涉嫌欺诈。

科学中的不确定性

不确定性是科学所固有的，因为知识并不等同于真理和必然，对科学应该

① 让-皮埃尔·阿历克斯（Jean-Pierre Alix），法国国家科学研究中心及欧洲科学协会（Centre national de la recherche scientifi que，Franceand EUROSCIENCE）。——译注

采用动态（而非固定）的观点。不确定的灰色区域可能会产生错误。在集合的最高层次研究不确定性的来源会发现有两类不确定性：可变性和知识匮乏（Asselt 等，2001）。

可变性是现实特征：研究中的体系或过程有不同的表现方式，或者具有不同的价值。可变性取决于自然随机性、价值多样性、行为多样性、社会随机性和技术奇迹。①

有限的知识取决于进行研究的分析师和我们的认知状态，或者二者兼有②

科学研究会产生灰色区域（未知的），其中不确定性占主导地位，可能成为错误的来源。为了进一步了解不确定性，可能会用到以下几种分析类型：敏感性分析、随机模型、概率法、形式情景分析法、对冲导向法和证明法。

避免评判错误需要一个将错误产生的原因考虑在内的公正敏锐的过程

当有可能出现欺诈时，专家就会对其潜在的原因和结果进行分析。在对专业性错误进行认定时，研究机构会使用以下六个准则：要明确认识到灰色区域是错误源头，并能证实被指控的科学家的清白，要利用专业知识的多样性和矛盾性，调查要隐蔽，结论要公开，对不当行为的惩罚和公开要成一定比例。

此外，对有可能要采取的惩罚措施提出申诉一定要符合公共程序，以避免评判过程中错误的发生，一旦发现错误，要提供重新审查的机会。

结论

知识本身具有不确定性，而它又会导致灰色区域，也就是科学错误产生的源头。

个案调查需要基于不当行为来区分错误和真正的欺诈（伪造、篡改、剽窃）。

---

① 在文学上也表示为“目标不确定性、随机不确定性、基本不确定性、外部不确定性、任意不确定性”。

② 在文学上也表示为“主观不确定性、信息不完整性、信息不确定性、二级不确定性、内部不确定性”。

具体来说，整个过程需要确保研究结果的准确性是建立在科学家普遍价值观的基础之上（Merton，1942）。

违背原则和价值观会不断给人增加压力，在调查中，我们要采用公正的原则，对已证实的不当行为给予适当惩罚。如果遇到两难境地，例如无法判断是不是欺诈行为，进行调查的科学家的个人感受可以作为评判依据。

参考文献

Asselt, V. *et al.* (2001). Uncertainty and RIVM'S Environmental Outlook Documenting a Learning Process.

Kuhn, T. S. (1962). *The Structure of Scientific Revolutions.* Chicago: University of Chicago Press.

Merton, R. K. (1942). In *The Normative Structure of Science*, N. W. Storer (ed.). Chicago: University of Chicago Press.

Popper, K. (1934). *The Logic of Scientific Discovery.* London and New York: Routledge Classics.

（李　莹　译）

• 第 11 章　多领域跨界研究：高等教育中跨文化、跨学科、跨国界的监督调查案例

卡罗琳·怀特　克里斯蒂娜·埃弗雷特①

2010 年，麦考瑞大学科研伦理部门主管卡罗琳·怀特（Karolyn White）收到了当地土著居民对该大学一位在读博士的投诉。除其他指控外，他们声称该在读博士未经允许或伦理审查就在他们的土地上进行研究。这位在读博士并非土著研究者，他来自北美，在澳大利亚研究当地考古天文学。他拥有天文物理学硕士学位，目前在麦考瑞大学人类学家克里斯蒂娜·埃弗雷特（Kristina Everett）的指导下学习。克里斯蒂娜·埃弗雷特并不是澳大利亚人，她在麦考瑞大学土著研究部门工作。

本章我们将对跨文化、跨学科研究领域中产生的问题进行探讨，并重点讨论一些难以避免的冲突。我们认为，澳大利亚的大学在人类学研究方面强制实行的伦理审查方法可以避免此类问题发生。由此引发了一个问题，伦理审查的范围是否应当仅仅局限在人类和动物研究？首先，我们为该案例提供一个简要的背景知识。

科研诚信

2007 年，澳大利亚两家主要的科研机构，国家健康与医学研究理事会（National Health and Medical Research Council，NHMRC）、澳大利亚研究理事会（Austrilian Resarch Council，ARC）与澳大利亚大学委员会（Universities Australia，UA）共同发布了《澳大利亚负责任研究行为准则》（2007）。该准则的价值观是良

① 卡罗琳·怀特（Karolyn White），澳大利亚麦考瑞大学（Macquarie University）；克里斯蒂娜·埃弗雷特（Kristina Everett），澳大利亚天主教大学（Australian Catholic University）。——译注

好研究实践的基础，它不仅为各个研究机构、研究者和学生提供了指导，也为针对不当研究行为的指控提供了解决方案。

作为该准则的核心价值，科研诚信包括以下内容：

1. 学术诚信；
2. 尊重实验参与者、实验动物以及实验环境；
3. 善于调动公共资源从而进行实验；
4. 承认研究中的其他人的工作角色；
5. 对研究结果负责。

科研诚信属于伦理的范畴，需要研究者、研究机构、人类研究伦理委员会以及资助机构共同为其负责。为了确保研究的最高伦理标准，国家健康与医学研究理事会和澳大利亚研究理事会鼓励各个研究机构、大学采用该准则，包括麦考瑞大学。

人类研究是什么？

澳大利亚政府将人类研究定义为“有人类参与或与人类相关的……数据和组织”的研究。该定义并没有说明人文科学与社会科学、医学以及健康学研究的区别。所有与人类相关的研究都要接受伦理审查。但是人类研究是对人类自身的研究或者与人类相关的研究：采访、观察、搜集人们的数据或组织。这种研究需要伦理监督。包括动物研究在内的科学研究也需要获得伦理批准，但一般不包括文本研究、发展理论以及无生命性的科学实验（例如岩石和植物）。

伦理监督没有对不同文化中“人”的概念进行区分。人的定义是什么？数据和组织的文化定义又是什么？

描写澳大利亚土著梦创时代的文献，大部分都是由非土著学者撰写的。首先，这是由于澳大利亚土著文化传统上是用某种替代方式进行记录，这对于大部分非土著人来说难以理解。因此，梦创时代的文献必须包含对语言和文化的翻译。这确实为理解澳大利亚土著关于“人”的概念提供了一些线索。这些分析尽管有些片面，与历史毫不相关，却依然十分重要，因为它阐释了外人无法理解的模糊概念，那就是土著与非土著对于“国家”一词在概念上的本体论差异。只有认识到“我们”这些非土著研究者无法理解一些重要的当地概念，我们在进行研究或汇报研究成果时才会变得更加谨慎。

关于我们提到的本体论差异有一个非常简明的例子，来自澳大利亚学者德布拉·伯德－罗斯（Deborah Bird-Rose）的著作《澳洲野狗使我们成为人类》

(*Dingo Makes Us Human*)(2000 年重印)。伯德－罗斯曾经和一群澳大利亚土著在偏远的中部沙漠地区生活了数年。该经历证明了她的观点：梦创时代为我们所谓的创造提供了普遍的伦理准则。这里的创造包含宇宙、星星、地球、岩石、河流、各类植物、动物，同时也包括人。梦创时代无时无刻都进行着，这一伦理准则控制着万物之间高效的、公平的、可敬的相互关系。梦创时代告诉我们如何将不同的人和物联系起来。根据梦创时代或者法则，非土著居民对于非生物定义的形成，不仅和我们处于同一个世界的事实有关，还与我们之间的亲缘关系息息相关。任何事物之间的关系都可以归为亲缘关系，这为万物之间的行为规范提供了准则。

土著研究原则及指导

土著与非土著群体（广义上）对于人类研究中的侧重点有明显差异。这些差异可能会引发冲突，这在案例中将会提及。这些差异在土著与非土著研究所遵循的原则和价值观中也十分明显。

《澳大利亚负责任研究行为准则》是科研诚信方面最主要的文件。国家健康与医学研究理事会、澳大利亚研究理事会以及澳大利亚大学委员会也制定了人类研究伦理行为准则。关于土著研究有两个特殊文件：《价值观和道德观——土著居民与托雷斯海峡岛民健康状况调查中的伦理行为准则》（2003）和《澳大利亚土著居民与托雷斯海峡岛民研究所关于伦理研究的行为准则》（2012）。后者对非健康学、医学类研究制定了 14 条指导原则，其中包括这样一些原则：

1. 承认民族以及个人的多样性和特殊性；
2. 承认土著人的自主权利；
3. 承认土著人对非物质遗产的权利；
4. 土著人对于传统知识和传统文化的权利必须得到尊重、保护和维持；
5. 必须尊重、保护并维持土著知识、土著做法以及土著创新；
6. 在与土著人合作调查或对土著人进行调查的过程中，必须本着咨询、协商以及自愿、优先且知会许可的基本原则；
7. 必须全程保持咨询和协商；对于拟研究计划的咨询和协商，双方需相互理解。

非土著研究计划的土著视角

虽然我们对于人类研究有着一定的理解，但研究原则、研究价值却存在着种种差异，而我们的理解和现行研究原则与价值本身是不同或是矛盾的，而对土著民族的调查研究又涉及历史、政治环境，这无不进一步加剧了这两者之间的差异及矛盾。澳大利亚的土著民族可以说是世界上最吸引研究者的民族。早在 19 世纪，欧洲和美洲的人类学家就已着手研究澳大利亚土著的独特风情。人们认为澳大利亚土著与世界上任何地方的欧洲人都截然不同。也就是说，澳大利亚土著被认为处于“开化”的对立面。长久以来，许多学科将澳大利亚土著民族视为医疗不完善、缺乏教育、需要监禁且至今仍需外方干预的形象，而人们对其“不开化”的观念能引发任何一门学科的好奇心。其中一个例子就是澳北区对土著的干预。澳北区的政府断章取义地利用本区儿童被性虐待的调查（见《小孩是神圣的报道》，2007），废除了 1975 年《种族歧视法案》，并煽动对土著社区大规模进行控制干预。

一段时间以来，土著学者一直呼吁反对仅从某些研究中找到案例，而对土著造成极端的文化、社会和个人损害（Lanton，1993；Moreton-Robinson，2004；Nakata，2007）。这些学者表示，控制这些损害最好的办法，就是从一开始就让土著与非土著身份的调查者，同当地土著一同参与调查，即向当地土著以及涉及该调查的其他利益相关者咨询和协商，同时照顾到土著居民的需求，使他们对研究进程和研究成果有所掌控。

投诉

有人指控并投诉一位博士生，因其未经土著主人允许而擅自进入其土地范围。此外，该博士生还在某出版物中公布了一个秘密圣地的地址，且未经允许在论文中引用了某一位传统的土地所有者的话。投诉者是一位土著居民，他致力于维护传统土地所有者的权利。而在这位投诉者的眼中，该博士生对土著观点、土著权利以及土地所有权并未表达尊重。对他来说，这是一个影响深远的伦理问题，甚至是研究伦理问题。

另一方面，博士生对该投诉也感到困惑不解。因为他此前申请进入国家公园，并获得批准，该国家公园是其调查研究对象的一部分。该博士生的研究领域是物理——他研究的案例是刻于岩石中的夜空。因此他认为，他的调查没有得到人伦道德许可也无可厚非。因为按照非土著定义，他的调查研究并不是“就……数据或问题与……合作或对……进行研究”。埃弗雷特是他的导师，也是一位颇有经验的澳大利亚土著环境研究者，她曾强烈建议该学生在开展任何形式的野外考察之前，一定要获取伦理审查许可。然而，尽管在土著环境下该学生已经做了大量的人伦及意识形态的调查研究，他的观点仍深刻地被西方科学环境所影响，当下的伦理要求并没有改变他对“这片土地”了无生机的看法。

问题与解决

西方对于研究诚信问题和人类研究观念定义较为狭窄，而且不顾国家的土著概念化。本质上能称为人类研究伦理的少之又少。这与在土著社区中有着更为丰富、更为复杂且更为精细的人类研究观念有所不同。这些不同的观念产生了误解。

土著研究参与者与非土著调查者之间剑拔弩张的关系史，以及应运而生的政治，无疑催生了诉诸中央土地委员会的种种投诉。就像土著学者在文学作品中表现的那样，由于历史环境的原因，再加上当下各种研究的涌入，土著社区正遭受着种种危害，澳大利亚土著有权利要求较高程度的研究诚信标准。这种诚信必须基于非土著研究者了解、尊重并且包容土著调查参与者的世界观这一基础之上。而在这一案例中，该基础显然是缺失的。除非伦理要求变得越来越文化多元化，否则诚信问题将会为将来的研究关系造成隐患。

另外一个问题就是如何处理竞争不相容的责任关系。大学对学生有责任，毕竟学生会质疑此前一直遵循的研究规则和指南。

土著问题利益相关者很显然被他们所看到的对土著权利的尊重缺失所刺痛，而且他们担心，考进土著中心的学生，在与土著民族合作研究以及国家观念方面，并没有接受适当的教育。

大学和土著中心的声誉，也是一个问题。他们应该采用更为敏感和适当的方式处理问题，即对所涉及的各方持有尊重、保持敏感。

我们将努力克服以下问题：

- 如何让非土著人认识并尊重国家观念？文化差异之下“对”与“好”存有矛盾，人类研究和科研诚信也存有差异，对此，调查者和调查机构如何协商？
- 解决办法包括大学和博士生对土著利益相关者正式道歉，并推出补救措施。此外，导师和学生同意删除论文中的敏感信息。

结论

尽管导师建议学生野外作业先取得伦理审查许可，但学生在进行研究时并没有采取导师的建议。该学生没有申请许可是因为他已经做了判断，他的研究并不涉及人文领域，且从当下的伦理要求中得到了支持。

很显然，如果这位博士生提前申请了伦理审查许可，那么该案例中的所有问题都会放在伦理许可的台面上来讨论。澳大利亚麦考瑞大学土著研究在内的所有伦理申请都必须由大学委员会处理，该委员会至少由一位土著代表以及在众多土著环境研究中有丰富经验的非土著研究者组成。

科研诚信的一个重要组成部分就是伦理审查许可。伦理审查许可对研究的成功绝不是阻碍，会为在不同文化环境下的研究者提供关键的咨询、支持和指导。该案例即论证了以上结论。

参考文献

Amp Akelyernemane Meke Mekarle (Little Children are Sacred) (2007). *Report of the Northern Territory Board of Inquiry into the Protection of Aboriginal Children from Sexual Abuse.* Canberra: Commonwealth of Australia.

Australian Institute of Aboriginal and Torres Strait Islander Studies (2012). *Guidelines for Ethical Research in Australian Indigenous Studies*, 2nd edn. Canberra: AIATSIS.

Langton, M. (1993). *Well I Heard It on the Radio and I Saw It on the Television: An Essay for the Australian Film Commission on the Politics and Aesthetics of Film Making by and about Aboriginal People and Things.* North Sydney: Australian Film Commission.

Moreton-Robinson, A. (2004). Indigenous Representation in *Whitening Race: Essays in Social and Cultural Criticism*, 75 – 88. Canberra: Aboriginal Studies Press.

Moreton-Robinson, A. (2004). *Talkin' Up to the Whitewoman: Indigenous Women and Feminism.* St. Lucia: University of Queensland Press.

Nakata, M. (2007). *Disciplining the Savages: Savaging the Disciplines.* Canberra: Aboriginal Studies Press.

National Health and Medical Research Council (2003). *Values and Ethics —Guidelines for Ethical Conduct in Aboriginal and Torres Strait Islander Health Research.* Canberra: Commonwealth of Australia.

National Health and Medical Research Council Australian Research Council and Australian Vice Chancellors' Committee (2007). *Australian Code for the Responsible Conduct of Research.* Canberra: Australian Government.

Racial Discrimination Act (1975). *Racial Discrimination Act.* Canberra: Commonwealth of Australia.

（林佳榕　刘冰心　译）

• 第12章　科技与承诺

海琳·因吉尔德[①]

引言

互联网为剽窃以及其他形式的学术不端行为创造了新的机遇，与此同时，它也使得剽窃更易被识别。因此，剽窃检测服务被视为应对网络学术不端行为的绝佳之策。但是，相较于通过互联网技术解决这一问题，当前我们所面临的问题，更急需非技术性措施来解决。特别是科学誓言的发展更加实证了其实用性。这种解决方式潜力巨大，它会提高人们对研究道德标准的意识，建立起独立研究者的个人承诺感。

涉及的技术措施及问题

在此，剽窃被定义为“使用他人成果或观点并署以己名的行为”（《牛津词典》）。剽窃是学术不端行为的一种形式，它严重违背了科学规范。

首先概括地讲，针对学术不端行为主要有两种应对措施：后查法和前查法（或称前防法）。后查法是在事后检测抄袭行为。这种方法只针对既成事实，以将既成危害降至最低。新软件服务类属于电子剽窃检测服务系统，具备文件对比功能，同时，学生上交的论文可与其他海量的论文进行相似性评估。一方面，互联网为学术不端行为提供了新的可乘之机，事实上，造成了剽窃比之前更加容易了的结果：一个人可以很容易从网络资源中剽窃素材，在提供抄袭服务的网站上购买论文，或是复制粘贴其他学生的在线论文。另一方面，互联网

---

① 海琳·因吉尔德（Helene Ingierd），挪威国家科学技术研究道德委员会（National Research Ethical Committee for Science and Technology）。——译注

检测法是公认的解决这一问题的绝佳之策。前查法的目的在于防止剽窃的发生。另外，前查法能引导人们提升理论水平，培养科学美德。换句话说，引入前查法的目的在于不限制科学家的行为准则或者说是誓约，以此防止学术不端行为。相反，这一目标实施结果是，防止了科学家卷入大规模杀伤性武器或是相关技术的生产发展之中。前查法包含了教育、训练以及规则指导和科学誓言的培养发展。[①] 然而，大多国家发展或实施了研究道德指南或准则，相同程度上来说，誓约的潜力没有充分得到挖掘。后查法的主要问题在于：第一，像剽窃检测服务这种技术性措施总是落后于剽窃行为一步。当然，使用他人观点并署以己名有各种各样的动机。对于那些充分利用机会剽窃又极力避免检测的人来说，他们总会有新的方法逃避软件系统检测。

第二，逐一检测论文是否涉嫌剽窃传达出一种失去信任的讯息，这在学术界极为有害，首当其冲的是在师生关系上。实际上，有人认为剽窃检测服务系统会逐渐让师生之间产生隔阂，而非努力团结他们。

第三，基本问题在于：后查法基于个人主义观念，专门强调执行人的道德责任。相反，前查法关系到我们常说的道德责任的相关观念，这一观念考虑到了学术不端行为的责任常常是共担的。当我们提及道德责任时，责任个人主义观念针对的是大量因果贡献的标准。根据这一标准，人们只要对事件发生本身做出区分，负有责任和义务即可（Kutz，2000，第 3 页）。在这种情形下，如果他确有剽窃行为，学术剽窃的责任即归因于学生或是研究者。然而，这种道德责任的归因在应对宽泛共享责任的普遍要求时，显得不够充分。我们经常看似正确地因为一个人所造成既定危害而将责任归咎于他，即使我们承认他不这么做，结果也一样。尽管如此，责任也会在某种意义上归咎于他们承认了对此造成了危害。公认的，在这种情境中，确保学生了解有关学术研究伦理规范的知识，作为一个监察者，应负特别责任。因此，当学生违反了这些规范时，找一个监察者与他一起承担责任是理所应当的。

前查法包含了一个比较宽泛的道德责任，在这种情境中就意味着学术不端行为不仅仅是个人责任的问题。

科学誓言

个人郑重的承诺。制定和执行科学家宣誓是一项重要的前瞻性战略。誓言

---

① 电子剽窃监测服务系统也会在一定程度上防止剽窃行为以及其他违背研究道德标准行为的发生。因此，这种服务既能查出可疑手稿，又能作为一种威慑手段。电子剽窃监测服务系统作为后查法似乎是可行的，因为它能够检测并且揭示剽窃行为。

在此处被定义为“一个郑重的承诺，常常借助一名神圣的见证人，内容是关于一个人未来的行动或行为”（《牛津词典》）。誓言的一个核心维度是诺言本身包含了一个承诺，承诺自己成为一个特别的人，并且以某种方式行事。因此，我们通常所做的承诺都很难兑现。第二维度关注的是承诺的对象与承诺的方式方法。通常这种情况下涉及神圣见证人。神圣见证人并不需要成为誓言的一部分，只需要见证这一过程即可。在见证人的见证下做出承诺，相互之间表达各自的意图，见证人确保承诺的约束性。简言之，做出的誓言是个人的郑重承诺，这其中也包含了社会因素，人们认为这比准则和法规更有约束力。

研究者的社会责任。约瑟夫·罗特布拉特（Joseph Rotblat）提出了发展并实施科学誓言的观点，这与医学领域的希波克拉底誓言相似。约瑟夫·罗特布拉特在1995年的诺贝尔奖的颁奖致辞上，极力捍卫科学家的誓言，后在1999年的联合国教科文组织世界科学大会上，也是如此。罗特布拉特引入科学誓言的主要目的不是反对剽窃，而是希望提高研究者所应具备的社会责任意识。

> 在医疗行业，誓言的主要价值可能具有象征性，不过，对于年轻的科学家而言，在他们进入学术界或者行业之前，这也能激励他们在自己中意的工作领域中，仔细想想违背誓言是否会造成的更大的后果。（罗特布拉特，1999）

罗特布拉特参加了“曼哈顿计划”——“二战”期间首枚原子弹生产的研究项目。他经历了同时也意识到了研究可能造成的灾难性影响。这一段经历使他承认，研究者对于研究后果以及研究的利用负有责任。

> 当科学在社会中举足轻重，当人类命运与科学研究成果相连时，所有的科学家要充分意识到自己角色的职责，相应地进行活动。我的科学家朋友们，我呼吁，让我们牢记对人类的责任。（罗特布拉特，1995）

研究者对利用科学成果的可能后果负有责任，这一观点一直以来都被质疑。[①] 然而，对科学誓言而言，大部分现存的提议似乎既包括了研究完整性问

---

① 参见格奥尔格·伦德伯格的声明：发明烈性炸药而去考虑他的产品是否被用来炸教堂或是在山中建隧道，这不是化学家该管的事，也不能因此对他的研究计划造成影响。[伦德伯格（1929）引自Merton（1968），第597页。]

题，又涵盖了一个比较宽泛的社会责任问题。① 假定现在科学誓言应该包含研究者的社会责任，这就引起了对一些研究领域的特别关注，誓言的说明就会显得尤为费力。当然了，誓言陈述的本身就很难，但是，以一种更可行的方式承认研究者的社会责任似乎具有可能性。

意识与承诺。罗特布拉特指出，科学誓言的主要优势在于，它能提高学生与研究者的意识，结合教育与训练，在研究中起到说明和提醒人们道德标准的作用。依据誓言中的承诺，也会很大程度上比教育和训练更能激发研究者仔细考虑研究成果的道德层面问题。

与此相关，实施科学誓言能够培养独立研究者的科学美德和个人允诺感。在毕业典礼上，学生许下誓言并允诺遵守广泛认可的科学准则，在此之前，也许这与他无关，但是现在，这代表了他自己的准则，也许能更好地内化并以此为信条。

总结

科学誓言被视为前查法的方式之一，它承认违背研究道德标准不仅仅是学生个人或者研究者一人的责任，他们并非真空操作，而是参与到科学界之中。科学誓言能够提高研究者的责任意识，通过把学生带入科学界，让他们做出郑重的承诺。

参考文献

Kutz, C. (2000). *Complicity: Ethics and Law for a Collective Age.* Cambridge: Cambridge University Press.

Merton, R. (1968). *Social Theory and Social Structure.* New York: The Free Press.

Oxford Dictionaries. Available at http://oxforddictionaries.com/ (accessed on 24 October 2014).

① 例如，挪威国家科学技术研究道德委员会为科学誓言做出了如下提议：我会像研究者一样行事，正直而诚信；我会利用我的科学知识和技能为人类造福，为可持续发展做贡献；我会尊重动物，敬畏自然；我会依据研究道德行事，我不会让意识形态、宗教、伦理道德、偏见或是物质利益这些因素磨灭我作为一个研究者的道德责任感。

Rotblat, J. (1995). Remember your humanity. In *Nobel Lectures*, *Peace* 1991 – 1995, I. Abrams (ed.), World Scientific Publishing.

Rotblat, J. (1999). A Hippocratic Oath for Scientists. *Science*, 286(5444).

The National Research Ethical Committee for Science and Technology (2008). Guidelines for Research Ethics in Science and Technology.

(刘 辰 译)

• 第 13 章　临床试验数据分享与科研诚信[①]

卡梅尔·克莱拉-杰里科[②]

规则手册

目标：克服困难，追求科研诚信；

技能：观察、诚实、透明、责任、
不违反人道(希波克拉底)；

基本要求：数据库、网络、
获得和重复使用数据的标准、
试验数据消除个人信息。

你知道吗？

我们呼吁开展透明的临床试验

广泛分享数据对于有效而负责任的研究至关重要

片面的知识导致危害

知识不全面会导致做出片面的医疗决定

选择性地汇报结果会导致不必要且有害的试验

原始数据的元分析会加快知识创造的进程

名词释义

临床试验（又称为介入性研究），是一种前瞻性临床对照研究（随机对照试验）或非对照研究，其目的在于评估一种或多种健康干预方式对人类受试者的影响。

---

① 由 APROPO MEDIA 进行概念创意与设计。高质量数字图像参见 http：//ottawagroup. ohri. ca/docs/KKJ WCRI 2013 poster. pdf。由于篇幅所限，本书对《蛇梯棋》游戏的相关说明和游戏棋盘进行了分开排版，游戏棋盘见第 78 页。

② 卡梅尔·克莱拉-杰里科（Karmela Krleza-Jeric），加拿大斯普利特大学医学院（University of Split School of Medicine）。——译注

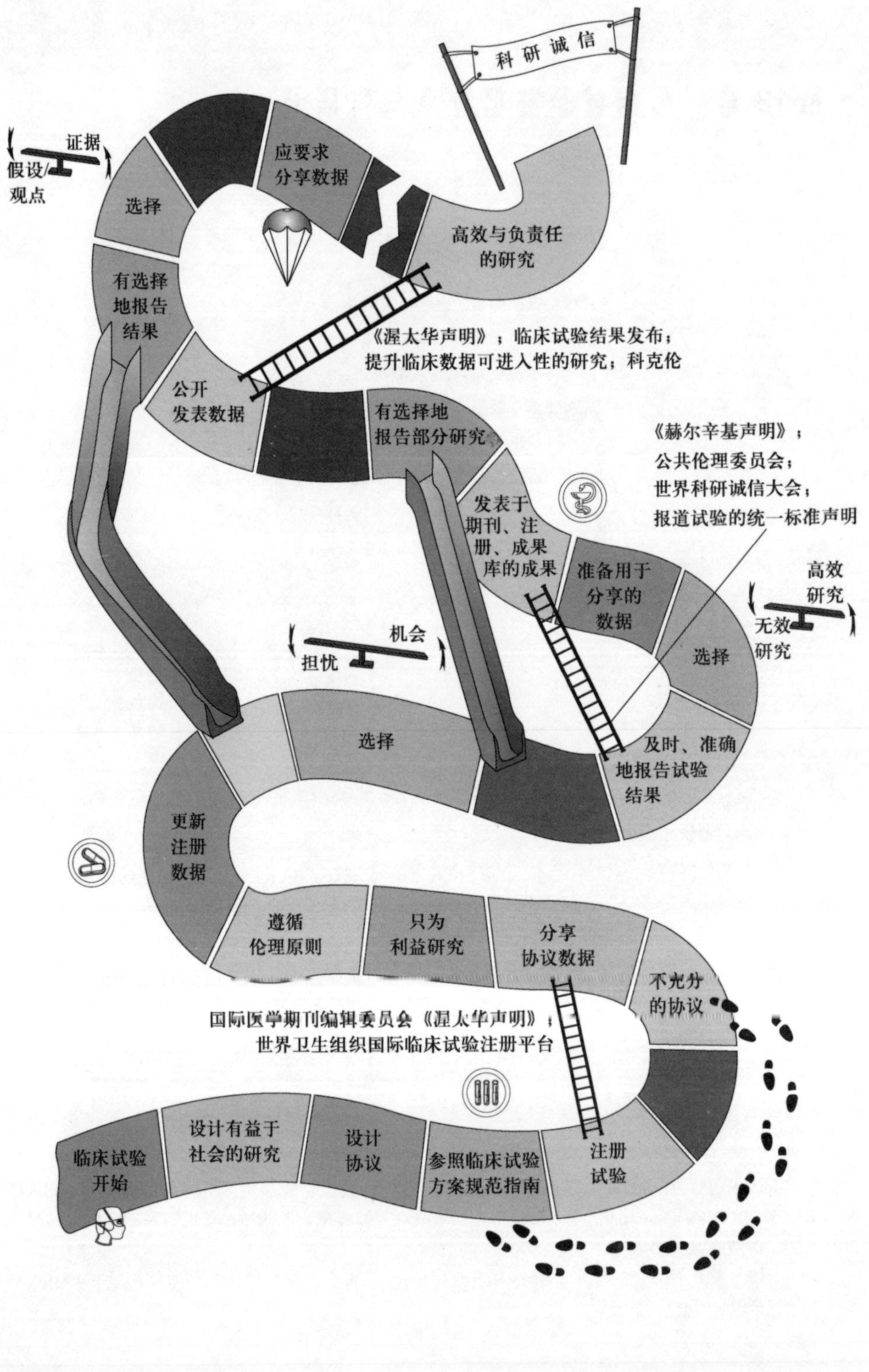
科研诚信
证据
假设/
观点
选择
应要求
分享数据
高效与负责任
的研究
有选择
地报告
结果
《渥太华声明》；临床试验结果发布；
提升临床数据可进入性的研究；科克伦
公开
发表数据
有选择地
报告部分研究
《赫尔辛基声明》；
公共伦理委员会；
世界科研诚信大会；
报道试验的统一标准声明
发表于
期刊、注
册、成果
库的成果
准备用于
分享的
数据
高效
研究
无效
研究
选择
机会
担忧
选择
及时、准确
地报告试验
结果
更新
注册
数据
遵循
伦理原则
只为
利益研究
分享
协议数据
不充分
的协议
国际医学期刊编辑委员会《渥太华声明》；
世界卫生组织国际临床试验注册平台
临床试验
开始
设计有益于
社会的研究
设计
协议
参照临床试验
方案规范指南
注册
试验

第三部分

对科研不端的回应

在提出学术不端指控时，最重要的是在机构层面要有强有力而公平正当的程序。克里·雷恩概述了调查中有哪些可能的陷阱以及如何避免，还从违反机构政策到调查之后却行动失误过程中总结了十大陷阱。此外，全面理解关键法律风险将会确保机构调查顺利进行，从而避免声誉受损。有一个重要的问题经常被忽视，那就是要及时通知监管机构、出资实体、期刊等。蒙特利尔大会的一个主题会议着手调查期刊、出资方和机构如何能够实现最佳合作，这些讨论的结果将在本书第四部分呈现。

可以通过教育来防止学术不端行为吗？虽然人们希望这能有帮助，但唐纳德·S. 柯恩菲尔德认为，学术不端无法通过教育来防止，因为它并不是由于缺乏知识或无知而发生的。他的结论基于对一些被科研诚信办公室认定学术不端指控成立的个人案例所进行的审查。在这些案例中，他们均承认自己学术不端。虽然高质量的导师制可能会有效发现有问题的行为和学术不端，但柯恩菲尔德称，如果导师并没有太多研究人员需要督导的话，那么将学术不端降到最低程度的最佳做法是对举报人设置强有力的保护政策。

如今，剽窃很容易被发现。有两篇文章对剽窃问题、有哪些防止剽窃的努力及其是否有帮助进行了更为密切的关注。哈尔瓦德·J. 弗塞姆认为，仅仅把剽窃当作智力盗窃的看法是过于个人主义的做法，剽窃应该被视为将科学从其理性基础剥离的行为，它使得一个想法或方法丧失了它形成的语境。所以弗塞姆对预防性措施的结论是超越把剽窃标定为智力盗窃的做法，而支持在科学界进行理性且合乎逻辑的科研开发，这样做可能会强化学生和年轻研究人员在科研诚信方面的能动性。

拉恩瓦德・凯里伯格解释说，像挪威那样把剽窃纳入法律框架，可能会在无意中带来负面后果。2006 年，挪威议会决定通过一个关于科研伦理的新法案，从 2007 年起生效，要求成立一个全国委员会来负责学术不端的调查。该委员会主席要求是一名法官，结果使得许多机构如今让律师担任其主要伦理委员会的主席。然而，他指出，由律师来解释伦理规范可能与实际想要的作为内部职业要求的解释大相径庭。例如，将剽窃降低到仅仅是侵犯版权的程度，漏掉了这类学术不端行为的一个关键方面。

最后两篇文章来自荷兰，戴德里克・斯塔佩尔的案例引发了大量自我反省，并提出了问题：我们可以从这类案例中学到什么？基斯・舒特概述了荷兰皇家科学艺术学院的报告内容，并研究了一个收录政策的协作环境和机构数据库中的数据管理，将其作为研究科研诚信的重要前提。彼得・J. D. 德伦斯从斯塔佩尔案例中吸取教训，他说，在这类案例中，将调查延伸到研究者的科学工作整体至关重要，正如斯塔佩尔案例中所做的那样。当被指控学术不端的研究者称所有数据都丢失时，统计方法可能有助于得出结论。此类案例可能会引起整体采取强化措施来培养机构中乃至国家层面的科研诚信环境。对这类案例的深入分析最终可能会带来进步，鼓励各个层面上的负责任科研行为。

萨宾・克莱纳特

•第 14 章　管理学术不端行为：十大陷阱及避免方法

克里 · 雷恩①

引言

科研诚信对于研究机构及独立研究人员的工作和信誉都十分重要。用于管理学术不端行为指控的完善制度流程，和推进好的调查实践一样，浓厚的研究文化是促进良好的研究实践的重要因素。

研究机构必须迅速、公平地处理指控，并且要能经得起法律审查。处理学术不端行为的指控包括处理一系列复杂的问题，这些问题可能会对所有当事人带来重大的法律和声誉风险。处理学术不端行为还包括协调好可能相互冲突的义务和利益关系。

理解并处理关键的法律风险将会帮助研究机构避免那些阻挠调查以及引致诉讼和声誉受损的陷阱。

十大陷阱

对于研究机构来说，有十个处理学术不端行为指控的关键风险。它们是：

- 不遵守机构政策；
- 进行正式调查前没有进行事先评估；
- 没有保护证据和相关各方的利益；
- 没有及时通知监管机构和资助机构、期刊及其他相关方；
- 授权调查范围不明确及调查事项超出范围；

① 克里 · 雷恩（Kerry Rehn），澳大利亚悉尼大学（University of Sydney）。——译注

- 对调查小组成员的选择及支持的失败；
- 误解及违反保密义务问题；
- 缺少程序上的公正/恰当的过程问题；
- 调查过程不足或记录不足，或二者均有不足；
- 调查完毕的后续行动问题。

不遵守机构政策

学术不端的指控经常由基层负责人（例如系主任或院长）处理，而不是通过正确的制度流程处理，或者不遵守机构政策，这样问题就会出现。

基层收到投诉时，必须将其汇报给管理科研投诉的高级官员。即使基层的解决方法可行，这也是必不可少的流程步骤，因为基层非正式的过程可能会使随后的正式调查存在偏见。理想情况是机构的政策应该包括这样一个条例，让指定的高级官员将事务交由恰当的学院或学科层面来处理（或其他部门，例如人事部门），但是在经过初步评估后，必须由指定的高级官员来决定。

总的原则是必须根据机构政策规定的程序来处理投诉。相关程序主要包括：要求采取事先评估步骤、调查过程开始和相关各方回应的时间段、调查小组的组成、保密。然而，有些受限制的情况有必要越过或者增补机构政策，例如偏离或增加对于确保恰当的过程和与其他法律义务（例如成文法、研究实践规则①或者就业相关的合同）一致来说是必要的。如果机构政策存在差异，应该根据公平合理的原则来决定具体程序。可能还有以下这种情况，在特定事务中，相关官员有利益关联时应该回避。

进行正式调查前没有进行事先评估

草率行事有时可能比延期更有害。在正式调查前应该进行评估，评估应当始终和相关机构政策所规定的一致。评估的目的并不是得到指控的行为是否发

---

① 本章中，术语“准则”用于指行为准则或政策，应用于国家、州或学科基础的范围，或应用于联邦或州款项的接收者，包括：美国科学技术政策局的科研不端行为的联邦政策（本章称为科研不端行为的联邦政策），参见 http://ori. hhs. gov/federal-research-misconduct-policy（2013 年 12 月 1 日），美国科研不端公共健康服务政策 42 CFR 93，参见 http://grants. nih. gov/grants/research_integrity/research_misconduct. htm（2013 年 12 月 1 日），以及国家健康和医疗调查委员会/澳大利亚科研委员会澳大利亚科研责任行为准则（又称为澳大利亚研究准则），参见 http://www. nhmrc. gov. au/guidilines/publications/r39（2013 年 12 月 1 日）。

生的确定结果，而是决定是否需要进行调查，如果需要进行调查，可能需要进行什么准备工作。

事先评估阶段首先要考虑的是投诉是否和研究相关。如果相关准则或政策没有定义“研究”这个术语，英国卓越研究评估框架（Research Excellence Framework，REF）的定义则提供了帮助。①

1. 根据卓越研究评估框架的目的，“研究”是产生新发现并有效共享的调查过程。

2. “研究”包括直接关系到商业需求、工业需求、公众需求和志愿部门需求的工作；学术研究②；观点、图片、表演、包括设计在内的手工艺发明和产生，这些会产生新的或显著提升的洞察发现；在实验中使用现有知识产生新的或显著提高的材料、设备、产品和过程，包括设计和建造。“研究”不包括材料、部件、过程的常规测试和常规分析，如国家标准的维持，这些和新的分析技能的发展不同。“研究”也不包括没有原创研究的教学资料的开发。

3. “研究”包括已发表的、已发布的或公众可获得的评估的研究成果，以及机密报告……③

如果投诉不是关于研究的，可能要转交到其他地方，如人事部门或内部审计办公室，或者拒收。

如果投诉是关于研究的，有必要考虑指控（如果被确证）是否能构成学术不端或违反了其他法律、准则或机构政策。根据指控是否关于可能存在的学术不端，或不那么严重的可接受的对科学行为的背离，法律、准则和机构政策可能详细规定接下来的不同过程。而且，根据对指控判定的起点不同，现行的法律、准则或机构政策中对学术不端行为的定义也不同，例如：

美国联邦学术不端政策。学术不端的定义是在提出、执行、审阅研究或报告研究结果中伪造、篡改或剽窃的行为：

---

① 卓越研究评估框架（2014），《评估框架和提交指南》，附件 C。

② 卓越研究评估框架中对“学术研究”的定义是“以词典、学术编辑、主要研究数据的目录和贡献等为形式的科目和学科的智能基础建设的创作、发展和维持”，参见卓越研究评估框架 2014，《评估框架和提交指南》，第 2 条、附件 C。

③ 卓越研究评估框架说明，“机密报告”“包括任何在出版阶段由公司、政府或其他赞助的生产并提出的条目，但是由于其商业因素或其他敏感问题并不出版”，参见卓越研究评估框架 2014，《评估框架和提交指南》，第 2 条，115 段，第 3 部，第 2 节。

- 伪造是编造数据或结果以及记录或报告；
- 篡改是操纵研究材料、设备、过程，改变、省略数据或结果，导致研究记录时没有准确记录；
- 剽窃是盗用别人的想法、过程、结果或语言而没有提及此人。

学术不端不包括观点不同。学术不端构成包括：

- 严重背离相关研究群体的可接受范围的行为；
- 故意、有意或无所顾忌地进行学术不端行为；并且指控有充分的证据证明。

澳大利亚研究准则。如果研究行为包括以下所有内容，即构成关于学术不端的投诉或指控：

- 指控违反此准则；
- 有意、故意、无所顾忌或总体持续忽视；
- 造成严重后果，如公开的记录信息错误，或对研究参与者、动物、环境造成不良影响；
- 学术不端包括伪造、篡改、剽窃，提交、实施或报告研究成果中的欺骗行为，以及未能声明或管理好严重的利益冲突。学术不端包括本可以遵守学术道德委员会通过的研究建议而未遵守，尤其是这种未遵守行为可能导致对人、动物或环境的不合理的风险或伤害。它还包括故意隐瞒或其他不当行为的研究便利；
- 反复或持续违反准则也会构成学术不端，而且此前就此主题做过咨询或特别说明；
- 学术不端不包括对研究项目的管理判断的不同之处，也不包括微小的或无意的错误。

如果机构政策对于学术不端的定义与现行的法律或准则不同，两种定义都要考虑。

还要考虑指控是否轻率、无理取闹或未来就是错误的，以及是否是前一项调查所涉及的主题。如果是这样，投诉无须进一步调查。如果以前调查过，要检查是否有新的指控或证据需要调查。

另外，必须考虑投诉是否包括跨机构的研究或者非研究因素。如果是这样，其他机构或部门（如人事部或者审计部）可能需要参与调查过程。

没有保护证据和相关各方的利益

对指控不能带有偏见，可能需要采取临时措施来保护证据以及相关各方的利益，也必须立即采取行动以确保将来的调查不带有偏见。根据指控的特点和事实基础，可能需要以下步骤：

- 寻找证据，例如实验室笔记本、电子记录、图像等。处理电子记录前，确保机构政策允许；
- 考虑员工是否应该被停职或被限制研究活动。如果考虑暂停活动，行动前需要咨询人事部门。任何停职或限制都可能影响员工以及学生，要给他们合适的安排；
- 考虑是否需要采取行动保护研究参与者或动物的利益。

通知监管机构、资助机构、期刊及其他相关方

如果指控已经发表的论文，需及时将这一情况通知发表该论文的相关期刊及合著者。

根据投诉的性质以及研究是否有外部资助，可能有责任通知监管[①]或资助机构，或两者兼而有之。凡涉及外部资金赞助，通常会被要求将赞助方通知相关部门，即使该申诉控告涉及的部分并没有被赞助。

如果该指控涉及跨机构研究，那么也需要通知合作机构。理论上来说，进行研究的合作机构之间应有一份处理解决与研究相关的申诉控告的协议。然而，不管是否存在事前协议，涉事机构都应互相商议并采取共同应对措施。同样地，如果该指控涉及研究人员在之前研究机构所进行的研究，研究人员当前所在机构及之前所在机构也应采取共同应对措施。然而，每个研究机构都应明确一点，就算没有与其他机构或其他方签订协议，也应遵守自己的义务，通知其他机构或相关方。

在通知该申诉控告的具体信息时，机构应考虑到可能存在的诽谤责任以及需依据隐私权法行事的义务。尽管不能将这些考虑当作不通知的借口，尤其是在没有法律义务或策略义务去通知的情况下，机构仍需进行法律咨询将风险最

① 通知监管机构的义务通常会出现在涉及可能违反法律规范的研究，包括人体组织、临床试验、动物和基因技术的问题等，此义务将根据国家和州/省法律而变。

小化。

通知的时机则取决于发表论文的期刊及其他相关机构的政策方针。尽管在进行初步调查以确定该申诉控告并非是随意而为或判断错误之后再去进行通知时间是足够的，但得出调查结论之后，仍需要及时通知。

及时通知的要求是，每一封信中都要说明，目前还没有得出结论，调查还在进行当中，一旦调查结束，即告知调查结果，这一点十分重要。

授权调查范围不明确及调查事项超出范围

当需要进行调查时，应明确授权调查范围。在准备授权调查范围时，应详细说明调查小组具体要做的事情，这一点十分必要。授权调查范围还应明确规定要调查的指控，还应该明确指出调查小组是否只需对事实做出结论，或是否需要对研究行为是否违反机构政策做出结论，以及是否需要（或允许）对后续调查、补救行动或惩戒措施提出建议。

当调查小组对超出范围之外的事实做出结论时，通常会出现问题。因此，明确规定调查小组是否有权对调查过程中其他可能出现的科研不端行为进行调查，以及调查小组是否要将出现的其他问题通知该机构作为单独调查来进行，都是十分必要的。

明确授权调查范围的同时，也应明确相关需要的特殊程序及需要遵循的时间表的指令，确认调查小组是否有权委托专家对调查过程进行协助（例如提供技术咨询或对图像进行鉴定）。

除机构政策中明确规定的如何处理科研不端行为指控的程序外，核查其他相关的政策（例如人力资源）、检举及隐私政策也十分重要，要确保依照规定的程序行事。

对调查小组成员的选择及支持问题

该申诉控告的性质及其严重性很大程度上决定了对调查小组成员的选择。

如果研究人员（或研究机构）造成的潜在后果较为严重，调查小组的成员应不仅限于机构内部人员，至少应包括外部机构成员。

此外，还应考虑调查需要何种专业技术，对调查小组成员咨询专家意见进行授权是否能满足专业技术的需要。

中立态度至关重要。一开始就应该考虑到可能存在的实际的以及潜在的利益冲突，并向小组成员征求意见。要保证指控人和被指控的研究人员有机会在初期阶段就对可能出现的利益冲突予以关注，这一点需谨慎。如未能做到这些，在调查过程的后期阶段可能会出现申诉风险。

从实践层面来说，要确保被委任者在相关机构政策规定的时间范围内或调查的授权范围内完成调查，还应考虑被委任者是否需要在接下来的法律程序中成为证人，这些都十分重要。

研究机构必须确保那些对组织调查负有责任的人能理解同调查相关的主要法律议题。调查过程中可能有必要提供一些培训以及法律咨询。机构还应为调查人员提供同调查职能相关的任何个人法律责任补偿（或提供保险）。

误解及违反保密义务问题

调查需要在保密的基础上进行，披露的信息也应遵循“需要知情”的原则。

指控人、被指控的研究人员及其他证人应按照指令为调查事实及主要内容进行保密。然而，十分重要的一点是，就算采用了举报人保护制度，其保密性也不能得到绝对保证。这是因为保密性无法得到确保。有些情况下，从申诉控告、证据的性质或实质能很明显地看出指控人或其他证人的身份，有时又必须通过披露指控人或其他证人的身份来保证被指控研究人员的程序公平。由于在法律诉讼中出示文件或其他证据的义务，指控人和其他证人的身份也可能需要披露。

程序公平问题

为被指控研究人员提供“程序公平”或“正当程序”至关重要。这包括以下两个要素：

- 被指定处理申诉控告的人员、调查者及决策者都应采取中立态度（例如避免偏见）；
- 被指控人有权说明情况，也有权解释针对其的指控。①

---

① 参见 Re Minister for Immigration and Multicultural Affairs; *ex parte* Miah（2001）206 CLR 57, at [90], per Justice Gaudron。

确保中立态度需要在初期阶段就对利益冲突（包括现有的或潜在的利益冲突）进行明确的定义和管理。如果被指控研究人员（或指控人）明确肯定涉及管理和调查行为的个人有利益冲突，需及时解决该问题。

决定调查小组成员或决策人员是否应因偏见而被排除（或者已经被任命，取消资格）在外的测试，就是可以由一个公正的观察员有理有据地对这个人是否公正、无偏见地处理应该决定的事情做出结论。①

为被指控的研究人员提供为自己说明情况或了解所面临的申诉指控的机会是一项义务，而这项义务需要为他们提供关于指控的足够多的细节，使他们能够对此进行回应。正常情况下，他们应有机会去询问其他证人及引用证据，对调查人员和决策人员的所有不利材料做出回应。在得出最终结论之前，他们也应有机会对报告草案进行评论。

应为被指控研究人员及其他证人提供支援人员（例如机构政策允许，则为律师）陪伴下进行的任何会面。支援人员的责任就是观察会面，为被指控研究人员提供咨询及协助，但不能以被指控研究人员的名义回答问题，也不能介入该会面。

机构政策和做法应保护个人不因提出指控或介入调查过程而受到伤害或报复性行为，这一点应在任何调查过程中对所有参与人员进行强调。

调查过程不足及记录保存不足，或二者皆有不足

调查小组成员必须保证调查是全面的且与授权调查范围相一致，还应保存正确无误的记录。

机构政策可能会要求对会面予以录制。如没有该要求，调查小组成员需要考虑是否有必要录制。一份音频记录或视频记录能保证进程的准确记录，但也可能使整个会面十分沉闷。对调查小组成员而言，这是需要凭判断力做出的决定。

调查小组成员需要在录制会面之前征得每位证人的同意。除非法律允许，否则不能在未征得同意的情况下开始录制。

录制会面后，需提供给每位会面人员一份音频文件或副本。如果没有对会面进行录制，调查小组成员需要安排一位记录员根据事实（尽可能逐字逐句）进行笔头记录。

---

① 对于逮捕偏见的司法考虑，参见 Johnson vs. Johnson（2000）201 CLR 488 at［11］。虽然这是澳大利亚高等法院的决定，但其原则具有国际适用性。

为确认相关证人，调查小组成员应仔细考虑其授权调查范围，还应询问指控人及被指控研究人员是否需要小组成员同其他人员进行会面。

要注意确保为所有文件和其他证据精确地贴上标记。尤其是当事件涉及数据的调整或有多种多样形式的图片和其他数据时，这更为重要。

调查小组成员必须确保对证人所进行的询问以及整个调查报告是处于授权调查范围内的，同时也遵循程序公平这一原则。如前所述，在得到最终结论之前，被指控研究人员有权对报告草案做出回应。

评估证据尤其是证人的可信度时，调查小组成员必须考虑到调查并不是一项服从于证据的法律程序。可能传闻证据已经被收集，但必须牢记该证据并没有通过反复询问被证实。

调查小组成员还应确保调查结果有证据支持，满足证明标准。肯定性的调查结果通常需要小组成员（或大部分成员）对“优势证据”或“权衡轻重”满意。证明标准的准确建立根据司法权的不同而不同，如对所需要求不太明确，调查小组成员需就证明标准寻求法律咨询。

调查报告应依照证据（或相关法律）对每个调查结果进行解释说明。要对指控的每个方面做出调查结论。如果调查小组成员决定不对某个特定的人进行面谈，该决定的原因也应包括在报告内。调查报告也要记录延迟的任何原因，尤其是当这些延迟是由于被指控研究人员及指控人的不合作或逾期时。

实际上，在调查过程中要保证被指控研究人员及指控人对调查过程有所了解，告知他们事先决定的时间表的变动。

调查完毕的后续行动问题

完成调查和对指控做出决定并不代表这一过程的结束。在确定投诉后，有必要将结果通知受影响方。受影响方包括被指控研究人员及指控人，如适用，还应包括监管机构、资助机构、期刊及相关合作机构。

如果调查结果要求已发表的论文进行修改或撤回，研究机构需采取后续行动，确保研究人员采取必要的步骤对论文进行修改或撤回。被指定的高级人员需详细说明该后续行动，包括修改或撤回的原因。如有延迟或失败（无论是研究人员一方或是期刊一方出现问题），机构和期刊编辑应跟进该行动。

其他后续行动可能也包括在内，例如归还资助机构的赞助资金以及为研究人员提供训练、咨询等补救措施。某些情况下，如果调查过程中出现了一些问题，可能还需进行另外单独的调查行动。例如，一份论文中出现了学术不端行为，这就可能有必要对该研究人员的其他论文进行审查。

如前所述，惩戒处分同调查过程应该予以分开。被指控研究人员也有机会对处罚提出意见看法。任何处罚措施的力度都应与该不端行为的严重程度成正比，并应考虑一切求情因素，包括由被指控研究人员自己提出来的求情因素。

如该指控未被证实，则应考虑诸如公开声明等任何其他措施，以避免被指控研究人员名誉受损。

（骆　丹　毛梦云　译）

• 第 15 章　学术不端：精神病学家视角的解决方案

唐纳德 · S. 柯恩菲尔德[①]

本次会议的前三天进行了专题小组讨论会，探讨“负责任研究行为教学”“负责任研究行为教育”及“负责任研究行为教学的方法与技巧”。而我的论点是，这些说教式的尝试都是基于一个错误的前提：学术不端是无知的产物，这里的无知，就是不明白游戏规则或缺乏诚信游戏所要求的技能（Kornfeld，2012）。

因此，不论说教式方法采取怎样的形式，我都认为它们无法有效减少学术不端行为（即伪造数据、篡改数据及剽窃）。这些行为等同于撒谎、欺骗和偷窃。早在研究生科学教育之前，这样的行为就应该被禁止。因此，现阶段对于这些原则进行教育是无效的，这些原则只需坚守，而不需要教授。

20 多年前，为了减少学术不端行为，美国国家卫生研究院制定了这样的要求：联邦政府资助的科学培训项目须包含负责任研究行为课程。当然根据前文提到的原因，这样的说教式方法对于大行其道的学术不端行为并没有任何改善（Antes 等，2010）。然而，尽管失败显而易见，后续的数据也印证了这一点，但这一要求仍是美国政府应对学术不端问题的唯一策略。

如果这不是无知或技能缺失的问题，我们该怎样解释学术不端行为呢？作为一名拥有医学中心研究经历的精神病学家，我决定回顾学术不端个案，设法找出行为模式以启发我们制定解决该问题的策略或措施。

研究

这项研究是基于对 1992 年至 2003 年间 146 份已经结案的个案报告的回

---

① 唐纳德 · S. 柯恩菲尔德（Donald S. Kornfeld），美国哥伦比亚大学医学院（Columbia University College of Physicians and Surgeons）。——译注

顾。这些案例被美国科研诚信办公室认定为学术不端案。根据违犯者的身份样本基本呈现平均分布，这些身份包括：辅助人员、博士后研究人员和研究生、教师。

违犯者均认同他们所犯的错误就是学术不端。因此，他们不是出于对科学伦理标准的无视才做出我们讨论的这种行为。

该群体的1/3为辅助人员。他们不是教师或学生，因此我们不能期望他们遵守科学家或学生遵守的标准。他们对研究成果也没有个人投入，而且，在大多数情况下，他们对于研究目的及其潜在意义的理解都是极为肤浅的。他们最常犯下的过失就是捏造或篡改数据，以达到数据指标及（或）提高他们的收入。

博士后研究人员及研究生的学术不端行为在几乎所有案例中都可以归因为内部和外部压力要求发表研究成果，且最好是在高影响力期刊上发表成果。他们坦承自己生活在一个“发表成果或淘汰出局”的世界里。

教师的动机更为多样。助教的动机是发表成果，以获得终身教职。对于副教授来说，发表成果有助于他们申请科研资助及升任教授。教授也需要科研资助，他们维持在各自研究领域内领导地位的动机更为强烈。

因此，在这些已结案例中的科研不端行为是心理特质、状态与个人境况相互作用的产物。在案例中，有不顾一切者，他们对失败的恐惧压倒了他们的个人行为准则；有完美主义者，他们认为失败就是灾难；有道德不健全者，他们屈服于诱惑；有不切实际者，他们觉得自己得出的结论不需要被验证；有反社会者，他们全无良知。对于完美主义者、不切实际者和反社会者的学术不端行为，目前并无现成的解决办法，发表成果的压力也是几乎无法改变的现实。然而，对于其他人来说，还是有相对现实的解决办法可加以利用的。

建议

最可能成功的政策是给学生配备导师，且导师要有足够的时间和意愿来真正承担起这个职责。在学生被认定为学术不端的案例中，或多或少都存在导师没有起到充分的引导作用的情况（Wright 等，2008）。

好的导师必须扮演多重角色。他们必须有时间与学生建立合理的密切关系。对那些处于恐慌之中、害怕他们的学术生涯取决于当下实验成功结果的学生，导师要察觉他们的情绪并安抚他们。学生需要导师帮助他们客观看待“失败”。

导师也需要有足够的时间审查以及讨论学生的原始数据和论文初稿。也许更为重要的是，导师自己要成为科研诚信的榜样，要让学生看到在成功的科学家身上所体现出来的科研诚信。但是这样的师生关系很难建立起来，除非是有合理的师生比例。科研基金管理机构应该制定相应的政策。如果导师对自己指导的研究成果的发表承担责任，特别是当导师也是一篇有瑕疵的论文的共同作者时，导师就更应该对学生的研究工作给予更多的关注。

要解决教师的学术不端问题需要检举者。然而，科学家调查发现，许多人知晓其同事的学术不端行为，但由于害怕自己受牵连，他们并不会揭发同事（Nylenna 等，1999）。确实，一项研究发现，2/3 的检举者称他们接连经历了某种形式的报复（Research Triangle Institute，1995）。真正希望根除教师学术不端行为的机构必须建立有效机制，保护检举者。

对于占样本数 1/3 的辅助人员，如果他们对所参与研究的目的以及发表欺诈性数据的严重后果有更深刻的理解，猖獗的学术不端行为或许能有所减少。在他们就职之前，就应该接受这样的指导。

尽管不能期望通过负责任研究行为课程来减少学术不端行为，但它能指导良好的科研行为，包括正确收集和存储数据的方法、恰当地给已发表作品署名的方式以及认识机构审查委员会和实验动物管理与使用委员会所扮演的角色（Steneck，2007）。

结语

科学界必须承认：对学生来说，开设负责任研究行为课程并不能减小学术不端行为发生的可能性。这样的行为是个人性格特征和个人境况的产物。然而，高质量的导师制在师生比合理的情况下效果很好。制定保护检举者免受报复的政策能最大限度地减少教师的学术不端行为，也能提高这种行为曝光的可能性。归根结底，要制定政策以降低学生对失败的恐慌，同时提高教师对检举揭发的担忧。

参考文献

Antes，A. L.，X. Wang，M. D. Mumford *et al.* （2010）. Evaluating the effects that existing instruction on responsible conduct of research has on ethical decision-making. *Academic Medicine*，85，519 – 526.

Kornfeld，D. S. （2012）. Research misconduct：The search for a remedy. *Academic Medicine*，87 （7），877 – 882.

Nylenna, M. , D. Andersen, D. Dahlquist *et al.* (1999). Handling scientific dishonesty in the Nordic countries. *The Lancet*, 354, 57 -61.

Research Triangle Institute (1995). *The Consequences of Whistleblowing for the Whistle-blower in Misconduct of Science Cases.* Washington, DC: Office of Research Integrity.

Steneck, N. H. (2007). The history, purpose and future of instruction in the responsible conduct of research. *Academic Medicine*, 8 (9), 8290834.

Wright, D. E. , S. L. Titus and I. B. Cornelison (2008). Mentoring and research misconduct: An analysis of research mentoring in closed ORI cases. *Science and Engineering Ethics*, 14, 323 -336.

（欧阳佚妍　译）

• 第 16 章　反剽窃

哈尔瓦德 · J. 弗塞姆①

定义剽窃

在现有的讨论、指南和字典（《牛津英语字典》《韦氏大学英语词典》）中，剽窃被定义为从他人那里偷取或拿走某种东西并将其当作自己的东西进行展示。如此定义剽窃，真实、确切地揭示了其错误的一面。②现有打击剽窃的努力过于注重剽窃错误所在。搜索引擎、调查委员会、处罚、合同、自助书籍等作为一个技术问题和减少抄袭的声明著作权法问题。总之，各方还是关注于个人和道德层面：关注于他人在偷窃特定个人作品充当自己创作中所犯的过错。

然而，剽窃的另一方面更不利于科学。③ 因剽窃而发表成果势必会产生研究的不合理性。若材料为剽窃所得，剽窃人通常会进行删减或跳过之前相关作品的参考文献——主要是材料真正作者的研究工作以及其他参考来源。结果会使想以此材料为研究基础的读者脱离了部分合理的研究依据。上下文结构对观点、参数、方法来讲也蕴含大量信息，一旦失去，就会丢失很多信息。④

承认剽窃的错误一面，我们依然要认识到应采取其他主要或相关措施，而非仅仅道德教化方面的举措。

---

① 哈尔瓦德 · J. 弗塞姆（Hallvard J. Fossheim），挪威国家社会科学和人文科学研究伦理委员会（The Norwegian National Research Ethics Committee for the Social Sciences and Humanities）。——译注

② 有关问题严重性的数据来源，举例参见：http//iml. jou. ufl. edu/projects/Spring2000/Overbeck/stats. html（2013 年 4 月 30 日）。

③ 这里的“科学”也指诸如在社会科学和人文科学里的研究。

④ 剽窃的不合理性更直接地达到我们所说的偷窃层面。例如，信用偷窃导致了科学的不合理性，减损了研究者之间的信任，因此减少了他们之间的交流，进而导致招聘时那些貌似进行原创研究的人胜过真正的原创研究者。

实践结果

至少可以从三个方面来看，剽窃因其不合理性而成为一桩坏事。第一方面，剽窃的不合理性使科学研究的信息量减少，因而缺乏创新和智慧。研究群体内部互相分享知识，在许多领域，个人都以其他研究者大量的研究成果为基础。从逻辑上说，这种互动影响着研究的下列方面：方法、观点、参数及实证研究结果。从所担任的角色来看，互动通过讨论、谈话、发表、教学等方式进行。这种更广泛的合作让研究过程变得合理，进而使整个研究具备合理性。如果没有原始的参考文献和相关研究，这种合作功能就会大大丧失。

第二方面，非理性的科学研究代价高昂。这种科学研究既是对已有研究结果的掩盖，又耗费研究者大量时间去写别人已经写过的东西，增加了成本，降低了效率。

第三方面，科学研究缺乏合理的背景，从逻辑上说未必意味着实际上也缺乏合理性，因为两者可以只择其一。但其实二者趋向一致。那就意味着另一个可能的结果，即公众对科学的信任度下降。这本身就是件不幸的事，但如果看到其相关的后续结果，则非不幸所能囊括。许多政治层面的重大决策需要科学作为决策过程的一部分来提供帮助。被认定为不可信的研究结果越多，其在重大争论和决策中所起的作用就越小。研究的影响越小，公共争论和政治决策就越不合理。

这些就是科学活动的不合理性的后果，不仅仅是指因为剽窃的偷盗性质或是刻意忽略引用来源所产生的后果。也就是说，这些后果由剽窃所引起的科学研究的不合理性而导致——不管个人遭受的欺骗是否应被认为是错误行径。①

建立在既有基础之上

我们如何将关注重点的变化投射到对学生或未来的研究者的行为影响这一基本层面上来？无须太多的理论铺垫，我将用一种宽泛的道德理论视角来看待这个问题，其焦点在于通过范式和反思向学生灌输将会影响他们未来研究活动的价值观。

① 另外，关于剽窃的错误所包含的更加宽泛的不合理性之内涵更贴近于伪造、篡改和剽窃，而非盗窃之概念，因为伪造和篡改并非指偷窃他人作品，而是指降低科研的合理性。同理，更为宽泛的科研不合理性之内涵还包括“自我剽窃”或“自我复制”，而这一概念显然并不具有盗窃之含义。

学生剽窃可能出于各种不同的动机。[1] 因无法承受工作量而绝望，认为老师不会太关注这一研究课题，来自同辈的压力，不愿让他人失望，或者仅仅是藐视现有的体制，这些都是位列第一顺位的动机。

但是，如果我们思索是什么动机成为许多学生剽窃的出发点或缘由时，我们会发现，他们普遍渴望效仿自己的典范和榜样——教授和导师。学生表现出遵循传统和规范的意愿。总而言之，他想有所归属，获得承认和认同。这种相当普通的渴求就是我们必须立足的基础，可作为我们建立更健全的反剽窃风气的第一步，它比现今所主导的将剽窃理解为个人的偷窃行为更加有效、公平。

从这个角度看，我们知道与动机相关的引用参考文献的方式也是部分源于想作为科研群体的一分子得到认可。早先，这种渴求可能会以抄袭的形式出现，引用老师和其他作者的成果，或者过度地引用自己曾经读过的每一本书。

我们很容易忽略对于许多学生和刚起步的研究者而言渴望获得归属是多么至关重要。作为学生，通过习得一套知识体系、一种做事的方式——甚至是生活的方式——成为获得投身学术和深入研究的前提。投身学术有多种表现形式，包括模仿老师说话的方式和手势，也包括捍卫自己所处的研究领域的重要性。

这当然并非每个人都一样，但许多人都如此，且有更多的人有潜质朝这个方向前行。而且，对于未来的研究而言，这一群体尤其重要，因为他们最有可能成为未来的科研群体中的中流砥柱。

但是我们现在并没有开诚布公地告诉学生他们想要进入的群体的真相。几乎没有老师会停下来并自然地将此作为一个必不可少的内容教给学生，即成为理性的科研群体的一部分意味着加入比自身大很多的群体中去——在此以公开透明的形式进行理性的互动，每一个人的贡献都要依赖他人提供资源并充当受众。对于所有的研究者而言，这是其成为研究者的首要条件——如果你没有成为互动的群体的一分子，你就不是在做研究。对大多数研究者而言，这就是做研究所产生的满足感的重要组成部分。然而这些简单的真相老师却很少与学生分享。

那么，应对的方法就是强调科研的合理性（关注科研群体），而不仅仅是盯着窃取声誉的一面（关注个人）。这应该作为由科研群体的代表们所提供的培训的一部分，而不是仅仅作为附加条件来推开或威吓年轻的科研人员。[2]

---

① 比较示例，参见 http://www.jisc.ac.uk/whatwedo/programmes/plagiarism/archive/why.aspx or http://otl.curtin.edu.au/professional_development/conferences/tlf/tlf2004/dawson.html（2013年4月30日）。

② 这不是关于“站在巨人的肩膀上”。研究人员的每一次前进都是正常大小的人站在广大其他正常大小的人的肩膀上。

理想的方法：科学精神

让我们通过将可能的方法先后放置在理想和非理想的框架内来拓宽讨论的范畴。用理想的默顿规范结构（CUDOS）来表述这种通常可以感知却依然难以解释的渴求相当有效，有利于我们看清中心价值。①

- 普遍主义作为科学的首要规范，提醒我们科学逻辑的制度化不是为了追求名声，而是让它成为向所有贡献者开放的社群；
- 公有性，在默顿看来意味着“共同拥有物品”。科学家对任何研究成果的拥有仅限于“承认和尊重”；②
- 至于将无私利性作为科学活动的规范时，默顿谈到了“社会化情感”。这提醒我们，科学内部的标准对于塑造个人的科学精神而言是多么庞大的资源；
- 最后，显然，在科学中有条理的怀疑主义正是科研人员在学生时期即开始结识的那个合理的合作体系。

非理想方法：伪善的教化力量

为了平衡默顿规范结构中蕴含的理想化倾向，我们应该也提一下乔恩·埃尔斯特，他提出了有关伪善的教化力量（Elster，2009）。很多时候，我们大都不是受清晰统一的动机驱使。相反，我们带有许多不同的动机。在这种情况下，伪善的教化力量就成了制造动机的机制，确保我们比自己期望的表现得好，因为我们渴望被别人看成是道德上正直的人。

此外，出于同样的考虑，倾向虚伪促使我们保持一致性。例如，如果我支持，当别人犯错时实施严格的惩罚，但当自己为犯罪者时却主张宽仁，他人就有理由怀疑，任一情况下，我的动机并非出于道德本质，相反，我的动机很明显以自我为中心，我仅仅假装关注道德考量。这本身就成为促使我们走向一致性的强大动力。此外，伪善的逻辑就是我们会展现道德水准更高的原因以掩盖

---

① 美国社会学家默顿于1942年提出的阐述科学活动的规范结构。默顿规范结构包括普遍主义、公有性、无私利性、有条理的怀疑主义。Merton，R. K. （1973）. The Normative Structure of Science. In *Merton*，*The Sociology of Science*：*Theoretical and Empirical Investigations*，Norman W. Storer（ed.），Chicago：University of Chicago Press，pp. 267－278.

② Merton，R. K. （1973），273.

我们可能怀有的道德水准较低的原因。所以，从策略的角度而言，科学的精神相对于剽窃要获得立足，它必须具有真正强大的影响力，即使并未完全主宰研究者的思想。

结论

将我们针对反剽窃的努力的重要部分从关注剽窃的层面转移到关注科研不合理的层面，方法是通过承认研究者作为科研群体的一分子的地位，能够合理利用大量已经存在于学生及新晋研究者的动机系统中的未尽资源。

参考文献

Elster, J. (2009). *Reason and Rationality*. Princeton: Princeton University Press.

Merton, R. K. (1973). The Normative Structure of Science. In *Merton*, *The Sociology of Science: Theoretical and Empirical Investigations*, Norman W. Storer (ed.), 267 – 278. Chicago: University of Chicago Press.

（涂玉然　译）

·第 17 章　挪威将剽窃视为违法行为：论科研伦理的不恰当法制化

拉恩瓦德·凯里伯格[①]

科研伦理新法案和新的不端行为调查委员会

2006 年，挪威议会颁布了一项科研伦理新法案。该法案除规定其他事务外，还要求建立一个新的国家科研不端行为调查委员会。该委员会有两个主要功能：调查不端行为案件；为科研机构提供咨询，支持其处理当地科研不端行为案件。依据国家及国际传统，科研机构在处理当地科研不端行为案件中承担主要责任，委员会仅负责调查少数特别困难或极为重要的案件。[②]

新建国家科研不端行为调查委员会由来自不同学科和机构的七名成员组成，其中至少一名成员来自别国。根据法律，担任委员会主席的人员须具备法官的能力和素质。只有当某个特定案例确实属于科研不端行为时，委员会才能判决该案例属科研不端行为案例。委员会无权通过撤销博士学位等裁决来制裁科研不端行为，只有雇主和编辑等行动方有此权利。显然，委员会在裁定科研不端行为方面本身具有极强的约束力。案件处理完毕后，委员会须当众宣判结果，宣判中，被控研究者匿名但其所在科研机构名称仍须公布。

在挪威科研机构对科研诚信的支持下，国家科研不端行为调查委员会作为一个新的元素被引入规模庞大、运作良好的挪威国家制度中，成为挪威自 1990 年以来第四个合法的关于科研伦理的国家委员会。科研伦理新法案进一

① 拉恩瓦德·凯里伯格（Ragnvald Kalleberg），奥斯陆大学和挪威国家学术不端行为调查委员会（University of Oslo，The National Commission for the Investigation of Scientific Misconduct）。——译注

② 法律没有规定调查委员会应是一个顾问，但在筹备工作时有明确的规定和预设。关于国家基础设施的科研伦理法律和信息的英文翻译可以在挪威科研伦理委员会的网站上找到（参见 www. etikkom. no）。

步保护这些委员会的合法性。目前，该委员会已调查了几起案件，使公众更加意识到学术不端是一个比想象中更为普遍的问题，并且为科研机构处理科研不端行为案例提供了帮助和支持。

但新法案中关于新成立的委员会的条例也带来了始料未及的问题。首当其冲的就是不恰当的法制化。针对科学的法制化毋庸置疑是合理的，例如，2007年修订的挪威高等教育法明确提出保护学术自由；又如，新法案依法保障三个国家研究伦理委员会的存在和任务。在宪政民主中，基本价值观和活动的法制化是可取的（Habermas，1996）。

但本文重点讨论的是不必要的法制化。新法案导致了对科研伦理规范的误导性理解，即将其解释为一种法律和管理规范。有几点因素促成了这一发展趋势，这些因素与法律文本及法律文本中的要求息息相关。我提到了其中一些因素，但并未按照重要性的顺序加以阐述，目的也不是充分解释问题如何以实证的方式出现。

如今，在去挪威科研机构给博士生讲授科研伦理课程或讨论可能出现的有关不端行为及某些做法存在疑问的案例时，我常常感到诧异的是学者只谈论新的科研伦理法案中关于科研不端行为的定义，而不讨论学术传统中关于良好或不良行为的界定，也不探讨关于科研行为的学术文献和研究行为分析。他们的做法表明禁止科研不端行为似乎只是来自外界的要求。由于国家委员会主席必须接受法律培训，一些科研机构则据此认为应该由律师担任当地的科研伦理委员会的主席，然而，立法机构并未有此规定。地方科研伦理委员会更应当由实证研究学科的资深研究者管理，该研究者需对科研伦理感兴趣且最好有跨学科背景。毋庸置疑，地方委员会须具备必要的科研伦理知识和法律专业知识。在上诉国家科研伦理委员会的案件中，律师作为诉讼委托人的辩护者有新的重要意义。研究机构也存在类似趋势，包括处理学生剽窃等不当行为的案件。有些律师往往对科研伦理规范产生误解，将其当作法律规范。他们似乎难以理解科研伦理规范并不是由立法者或机构领导人强制实施的，并非独立于科学研究之外。事实上，研究伦理规范和价值观是内在的、专业的要求，不仅可以维护诚信，也可以保障科学研究的高效创新，并且能够对新的知识成果进行测试（Merton，1942；Steneck，2006；Kalleberg，2007，2011，第 93—97 页）。

由国家科研不端行为调查委员会处理的两个有关剽窃案例的出版报告构成了本文的数据库①，我采用了社会科学的主要分析方法（默顿规范结构），但稍做修改使其建立在对科学的非科学主义理解之上（Kalleberg，2007，2009），

① 案件材料在挪威，在该委员会的官网（www. etikkom. no）上很容易找到。

并能适应（比如说自 20 世纪 70 年代以后）社会中科学面貌的改变（Ziman，2000，第 67—68 页）。社会学与其他社会科学都是描述解释性和规范评价性学科。这不仅为在诸如学术不端行为案件等实际事态进行社会学的记录、比较、解释和批评开辟道路，还为提出合理建议、意见和警告敞开大门（Kalleberg，2009，第 262—266 页）。

我本人是挪威国家科研不端行为调查委员会的副主席，但我并不凭这一身份在此发表议论，也不代表委员会，而是作为一名致力于推进科研诚信、对此充满关注的社会学学者而表达观点。想必这些挪威的案例已经引起了广泛的关注。许多人对通过法律手段和管理上的处罚来应对科研中的不诚信抱有不切实际的期望。但是，将科学的内在规范（科学精神）——那些与追求真理相关的规范法制化会引发更多问题。而将外围的科研伦理规范法制化，例如主张在研究中保护患者和动物，则需要用不同的方式将科研伦理和法律规范结合起来。科研不端行为也包括残酷、有害的实验，但在这里，我主要从欺诈和不诚信这狭义的范畴来讨论科研不端行为，例如伪造虚拟数据和剽窃，即违反科学中求真这一内部规范的行为。

传统视角下和新的法律视角下的科学精神

挪威法律第五条的内容是关于科研不端行为调查委员会的，其下包括五款，内容涉及该委员会的任务、权限和工作程序。第二款如下：“科研不端行为是指伪造、篡改、剽窃及其他严重违背良好科研行为规范的行为，这些行为通常是故意的或由于在研究的规划、实施、报告过程中严重疏忽所造成。”对这一法律定义有多种不同的解释，在此，我引用两个案例对相关人员的指控进行辨析和说明。

根据科研伦理的传统视角，我们可以说，挪威法案以科研伦理和法律之间的一般区别为先决条件。违反诸如禁止抄袭的科研伦理规范不属于违法行为，波斯纳持传统的立场，认为“‘抄袭’不构成法律上的错误”（Posner，2007，第 34 页）。根据这种看法，在法案中明确科研不端行为的定义并不影响在科研领域中长久存在的传统核心价值观，这些价值观可追溯到 3 世纪到 4 世纪以前的科学革命。美国社会学家默顿（Merton，1942，1957）已提出了关于内部规范的一整套概念，且影响重大。从这个角度看，抄袭不属于违法行为，但违反了传统科研伦理价值和规范。法律文本中从传统上对科研不端行为进行定义，目的就是认为科研不端行为调查委员会只处理情节严重的案件，而不处理由于草率导致违法的案件或是情节不太严重的、有争议的研究行为。

根据新的法律视角，确认科研不端行为的规范和标准于2007年成为挪威法律。因为科研不端行为已经在法律中被界定，因而成为法律的一部分，现在，科研伦理观念已经转变成为法律概念。通过在法律条文中加入“故意”“由于严重疏忽”等法律词汇和概念而更加确认其为一个严谨的法律概念。从这个角度来看，剽窃行为违反了挪威法律，但违法的程度不尽相同，并通过使用“也”“主要”“仅仅”等限定词来进行描述。丹麦于1998年将剽窃列为违法行为，挪威则是继丹麦之后第二个有此规定的国家。

一些研究机构已经在不同程度上开始实行这一新的法律规定。科研伦理规范被科研机构的管理者重新界定为法律条文和管理规则来实施。接下来简要举例说明最近两起由委员会处理的剽窃行为案件。其中一个案例是来自一所规模庞大的商学院的情节严重的博士论文抄袭。根据对剽窃的定义，该论文中约15%的文本属于抄袭。另一起案件来源于一个大型能源和核技术研究基金。

法律条文和管理制度是在某个特定的时刻才开始实行的。在商学院案例中，被告律师辩护称新挪威法案自2007年7月实施，而该博士生在此三年前就开始读博，因此将新挪威法案运用于此案属于违法甚至违宪行为。根据挪威宪法第97条：“法律无可追溯效力。”最终，在调查委员会于2012年3月所做的裁决中，律师的辩护未能成立。我认为这一裁决主要基于传统立场的深入讨论：挪威尚未拥有新的科研伦理规范，目前只拥有围绕传统规范而形成的新的制度框架和新的程序。如果说有新的东西，那就是严格要求判定一个人是否主观刻意实施不端行为（高概率的故意和严重疏忽）。

被研究机构误解为管理制度的科研伦理。1990年，挪威就成立了国家社会科学和人文科学研究伦理委员会。该委员会出版了一套国家伦理道德准则，并于2006年修订（NESH，2006）。2007年，有关自然科学的相关国家准则首次发表（NENT，2007）（全国医疗和健康研究伦理委员会使用国际公约，例如《赫尔辛基宣言》）。这些准则以全国研究人员听证会方式产生，由真正从事研究的人员制定，在研究机构中取得了高度合法性。显然，其中禁止剽窃等规范准则并非放置全国而皆准。但是，两个案件中的被告人辩护律师将这些准则作为一种地方法律管理文本，一种在特定时间由特定机构所执行的条例，而不是将它们视为解释陷于科学精神中的复杂规范和反规范的传统科研伦理准则。

一些代表他们委托人的律师坚称，2006年修订版的国家伦理道德准则对此前的案例无效，因为它们不具有追溯效力。同样的理解也在技术研究机构里盛行，在技术领域，社会科学同自然与技术科学之间的差异被界定为全国各研究机构之间的本质差异。有人认为这两种不同文化之间的差别如此之大，以至于管理社会科学的规范不能用于管理技术领域的研究。而科研不端行为调查委员会则认为这种观点没有充分的依据，在技术科学领域，剽窃的概念同社会和人文学科领域是一样的。

科研伦理：仅适用于本地还是全球通用？如果将科研伦理规范作为国家性和机构性规范，这些规范的适用范围会受到社会空间和历史时间的巨大限制。然而，定义科研不端行为的基本规范并不具特殊性，只在某些国家、部门或机构有效，也不只从特定时间开始。相反，我们一直与传统的、非正式的世界性规范密切相关。两个世纪以前，虽然未确立明确的规范和价值观，伪造虚构数据以及剽窃也属于严重学术不端行为和欺诈行为。众所周知，第二次世界大战后，首次开始了科研伦理规范的编制。将基本科研伦理规范视为本地规范，如同国家法律或机构管理规则，是对规范的不恰当法制化。这是一种概念性错误行为，会歪曲和误解核心科研伦理概念。

法制化思维方式是以下案例中两个机构产生曲解的缘由——在这两个案件中，律师一直活跃地充当着不同的角色，案例中的两个机构都依赖法律专业人士，未能从科研伦理的角度对剽窃行为进行正确理解，而是将道德规范误解为法律规范，并从版权角度曲解了剽窃的科研伦理概念。

案例 1：商学院

该学院的科研伦理委员会大多数成员根据挪威版权法的解释定义剽窃。他们的推论方式如下：假设一名博士生从一本国际学术书籍中摘录了 20 行文本，但未加以说明或确认来源。只要这 20 行文本充分符合版权法所规定的原创性，则不构成剽窃行为。[①] 被指控剽窃的科研人员也如此辩驳，认为这才是对剽窃概念的正确理解。这一观点也获得了该学院一些学术领袖和导师的支持。

但国家委员会却一致批评这种对剽窃的理解是站不住脚的，国家委员会仍坚持对这一概念的传统理解（例如其中一个代表就是 Posner，2007）。版权和科研伦理应该分开讨论。在挪威，公共文件，例如来自中央政府机构的文件，不受版权保护。所以，如果一位研究人员从这类文件中引用了 20 行，并且没有恰当地说明出处，这种行为并没有侵犯版权。但这种行为肯定违反了禁止剽窃的科研伦理。自我抄袭通常不构成版权问题，但从科研伦理的角度来看，却会遭到强烈谴责。它可以被判定为违反了原创性的既定原则（Merton，1957，第 293—296 页）。

① 人们会争辩称这并不是令人信服的对版权法的解释。

案例 2：应用技术研究机构

为被指控的研究人员及其机构辩护的律师事务所同时也代表了该机构对于剽窃的原则性理解。有一点必须强调：研究人员在很大程度上是通过律师事务所与国家委员会进行书面交流的，而不是直接与委员会进行对话。这似乎是一个预设，将委员会视为法律上的对立方，与研究人员所在研究机构具有利益冲突，而不是将其视为在识别科研不端行为以及增强科研诚信方面具有共同利益的科研伦理伙伴。这家律师事务所主要通过引用法律及相关的法律来源来讨论这一问题，对科研伦理知之甚少，甚至一无所知。国家科研伦理准则被视为管理法规，这种不恰当的法制化自然引发了一系列关于科研伦理的误解，这里有两个例子：(1) 有人认为未标明来源的文本引用虽然可能侵犯了版权，但这种行为本身不是抄袭。律师事务所认为，批评有部分文本和他人的文本相同，事实上超出了委员会的权限，因为委员会并不负责版权案件。与第一个案例相同，这也是一种不恰当的法制化。在这类跟概念有关的不当行为中，概念不仅受到歪曲而且没有得到充分的理解。(2) 有关自然科学的相关国家准则（NENT，2007）并没有明确规定作者有标明引用、使用引号、附加参考目录以及确认原始来源的义务。因此律师事务所称，不能因为研究人员没有履行这些义务而对他们进行指责。

客观和主观的科研不端行为，科研伦理中的制度缺陷

正在逐渐成形的挪威科研诚信体系将科研不端行为的客观方面与主观方面区别开来。根据挪威法律，判定对严重侵权行为负有主观责任时，需回答以下问题：抄袭行为是故意的还是由于重大疏忽？在商学院的案例中，负责回答该问题的人认为，人们必须以客观的态度对待文本复制，即抄袭。他们认为不存在主观因素。在该案例中，为国家委员会提供建议的两位专家的回答是否定的。委员会在做出最后决定时，出现了意见不一致，五名成员的回答是肯定的，两名成员的回答是否定的。终审委员会最终的一致回答是否定的：该行为不是故意的，也不是由于重大疏忽。而关于技术研究领域那个案件，委员会一致认为，抄袭的出现应该是由于客观原因的无心为之，没有蕴含鲜明的主观意图。

有些人反对将客观的科研不端行为和主观的科研不端行为区分开来，他们认为，一个人的“客观抄袭率”高达 14% 却不用为这一不端行为负“主观”责任的现象极不公正。我想对这一论述发表三点看法：第一，一般说来，我们有必要对行为的客观结果以及主观意图进行区分。这是所有的社会科学中的基本的区分，例如社会学一般行为理论。行为是一种有意识的现象（Habermas，1988，第 53—74 页）。社会学家与法学家对此的区分是相同的。我在蒙特利尔大会演讲后

的讨论中提到过一个有趣的例子，这个例子体现了这种区分。荷兰的几个社会心理学博士生从他们的导师，前教授戴德里克·斯塔佩尔那里获得了一些原始的数据材料。他们没有怀疑自己的教授事实上捏造了数据（关于斯塔佩尔案的案情摘要见 Anderson 等，2013，第 232 页）。这些博士生的数据材料（客观上）是捏造的，他们（主观上）不是故意的，而且事实上也没有伪造任何东西。

第二，根据这里提到的两个案例，我们有必要提出这样一个问题，挪威法律在认定科研不端行为是否属于主观过错时的要求是不是太多？要证明科研不端行为在很大程度上是因为“故意的”或是“出于重大疏忽”，需要提供很多证据。挪威法律中所选用的词语以及对此所给出的定义，引发了漫长而详细的讨论。在对法律进行修订时，我认为重要的是遵循本国实际和国际传统，而不是将定义作为法律文本的一部分。这一点与前面所提到的传统观点是一致的。

第三，要求确认科研不端行为是否出于主观意愿的严格要求降低了对制度因素的关注。对一些个人和机构来说，唯一重要的事情就是去表明一个人的行为不是故意的，也不是由于重大疏忽。如果他们做到了这一点，那么即使博士的论文中含有 14% 的抄袭也不能被视为科研不端行为。商学院案件中的终审委员会对法律的追溯效力进行了详细讨论，但最终只认为（没有进一步的调查）该研究机构普遍缺乏遵守文献引用规范的意识。

我们可以说研究人员没有被发现犯有故意欺骗或重大疏忽，那么此人便不会面临科研不端行为的指控，但这并不意味着此人不会因有问题的研究行为（Steneck，2006，第 59—61 页）而受到强烈的批评，也不意味着相关机构与这些问题毫无关系，不管问题的严重程度如何。这种情况应该反过来。商学院的博士生或技术研究所的研究人员应该知道并遵守文献引用的普遍规则，而不应该抄袭。这些案件中的研究小组和机构应该受到强烈谴责，应该要求他们进行改革，在充分了解良好的学术行为的基础上加强自律。有问题的科研伦理行为会滋生出更严重的侵权行为。

正在成形的挪威体系中有趣的一点就是对科研不端行为从制度角度进行探讨。如果国家委员会判定存在科研不端行为，那么就可以指责制度上的缺陷。例如，指责商学院对抄袭概念的错误规定。在能源和核技术研究基金会的案例中，对体制的指责非常明显。该机构因一些制度上的规定受到了严厉的批评，例如，对正确的引用规范以及共同署名的原则存在理解上的缺陷；此外，对科研不端行为内部调查的程序亦令人无法接受。

然而，刚出台的挪威科研伦理法案中没有任何对于体制批评的内容，也没有提及机构确实要实施改进方案以预防有问题的研究行为的重要性。该法案条文中既没有提到国家委员会担任的顾问角色，也没有说明研究机构向国家委员会（以及国家伦理委员会）报告自身处理科研不端行为的程序、当地的科研不端行为案件和处理方式，以及预防科研不端行为和培养良好科研行为的措施的重要性。

科学的内部规范以及自律的不可或缺的重要性

运行良好的研究群体被认为是为了获得真知灼见而进行合作研究的群体，像默顿（Merton，1957，第 321 页）描述的那样“承诺无私地追求真理”（Tranøy，1988；Ziman，2000；Kalleberg，2007）。体制上对于科学精神的追求、内部规范（例如追求真理）、有条理的怀疑主义以及无偏见性等在科学研究中是必不可少的，它们的共同特征是公正的逻辑。如果律师对科学精神中的基本概念进行重新定义，并且主要寻求使自己的客户摆脱不端行为的指控，或至少证明尽管自己的客户存在有问题的研究行为，但也远没有不端行为那般严重，这时，情况则呈现出完全不同的状态。此时发挥作用的是偏袒的逻辑。

科研伦理规范并不是作为外部事物强加在科学身上的。[①] 和方法论的要求一样，科研伦理规范是学术活动内在的、基本的要素。这一点最明显地体现在科学的内部核心价值观以及其追求真理的规范上，即正确引用及论证的专业规范。此外，科学的基本伦理规范是很常见的。伪造数据在所有学科中都是禁止的，理论上来讲，这些规范适用于所有科学。因此，在所有的科学和学术领域中认识论和科研伦理是统一的（Kalleberg，2011，第 93—97 页）。但在实际对规范的执行中，在专业中对什么是伦理规范、什么是违反规范的认知在很大程度上因不同领域而不同（Merton，1963a；Ziman，2000，第 266—269 页）。各项规定、禁令、优先权以及书面许可构成了学科的内部规范。如果将这些规定、禁令、优先权以及书面许可交织在一起构成的体系、科学精神及其求真务实的承诺视为具体的法律规范，那么它们将无法有效地发挥作用。这种情况实际上是社会学中交叉压力的一个更为普遍的案例。特定情况下的角色行为一般涉及多个规范和反规范。“完全围绕主导性规范的行为会导致该角色的功能目标无法实现。”[②]（Merton，1963b，第 18 页）

---

① 一些科研领域，比如自然和社会科学家的研究中，存在着一个奇怪的倾向，即认为科研伦理问题只能（或主要）由来自像哲学和神学这种规范性学科的外部科研伦理专家处理。他们认为对规范的探讨不属于实证学科。这种立场基于对实证学科的站不住脚的科学解释（Kalleberg，2009）。我认为这种倾向是对伦理不恰当的理解，阻碍了“普通”学科中科研伦理的自我修正。

② 这种观点得到来自组织理论的基本观点的支撑。大学中的专业人士，比如大学教授和医院的内科医生，他们的工作只能在一定程度上受到外部管理的监管。外部监管太多或不足往往都会削弱并损害专业水平，从而引发恶性螺旋式下滑，并与监管本意背道而驰（Mintzberg，1983）。

科研机构中传统的学术自我修正体系可能是现代世界所发明的最早、最成功的内部控制体系。由于研究的高透明度，学术界欺诈行为出现的相对次数可能要少于任何其他社会体系。产生这种差异的原因在于结构层面（主要操作过程的透明），而非个人层面。它并非基于研究人员是道德上的超人这种不切实际的设想（Merton，1957；Ziman，2000；Kalleberg，2007）。

科学精神是一种内部的、非正式的制度监管体系，是一套在个体研究人员、研究小组和人际关系网层面运行的制度规则（Anderson 等，2013，第 220—222 页）。第二次世界大战结束以后，组织、国家和国际层面的行为准则以及规章制度对这种传统的自律体系起到了补充作用。这种情况首次出现于生物医药领域，该学科率先制定了旨在保护参与医学研究的人类受试者的法规和制度（Israel & Hay，2006，第 23—39 页）。由于第二次世界大战后现代研究体系规模的大幅扩大以及 20 世纪 70 年代以来的经济和战略研究重要性的增加，传统的科学精神面临着新的压力。齐曼（Ziman，2000）在“后学术”的情境下对科学精神进行了讨论。这一发展可能助长了科研不端行为的盛行。新的研究表明，当今世界科研不端行为的数量已经多到每 100 名研究人员中就有 1 人到 3 人至少有过一次科研不端行为（Anderson 等，2013，第 232—235 页）。

这是一个非常高的比例。基于这一事实，我们必须给出合理的、合乎规范的建议：个人和研究小组层面的传统的自律体系必须和研究机构层面（以及更高层面）的体系互为补充，并进一步促进科学家间自我修正的传统。传统体系不应该被正式化的法律管理措施所取代，科学精神只有在进行研究的科学家的具体领域层面才能最大限度地发挥作用，用法律管理体系来替代将扰乱科研群体的内部运行机制。基于这一点，可以说国家委员会是法律上的对立方而不是科研伦理的支持者这一假设说法，已经是科研伦理不恰当法制化的标志了。当我们讨论需要更多的外部科研伦理规范，例如保护隐私以及保护患者和动物利益的外部科研伦理规范时，我们需要科研伦理和法律规定之间的另一种平衡。

当最基本的核心价值观受到侵犯时，例如出现伪造虚构数据或剽窃，研究界要去确认并处罚这种行为，尤其是要从中吸取教训从而防止其再次发生，这既符合研究界的知识利益，也符合其伦理利益。最近几年，挪威的科研领域中出现过几个这种有效自律的例子，在这些例子中，三个层面（个人、机构和国家）融合在了一起。我只列举其中的两个例子。一个就是挪威的癌症研究领域臭名昭著的数据伪造案（Kalleberg，2009，第 261—262 页；Anderson 等，2013，第 231 页）。奥斯陆大学及相关医院对该案进行了全面调查，并将调查报告公之于众。

该案的处罚很严厉，并随后实施了几项改进措施。① 另一个案例发生在挪威运动科学大学，该校被发现伪造数据，一位社会科学家自己回答了大量的问卷。该校妥善、有效地处理了案件，并将该案件告知国家委员会和大众。

科研伦理不恰当的法制化在挪威体系中不是一种强烈的普遍趋势，但它是真实存在的，是意图向善的法律所产生的预料之外的结果。试图用法律和行政的方式对科学的核心价值观进行监管，这一行为实际上会破坏、边缘化、扭曲——甚至可能取代——传统的学术自律。重要的是要认识到这类问题并修订法律，从而避免这种将科学精神不恰当地法制化的行为。本章中我提出这一问题，并寻求可行的解决方案。在未来的研究中通过比较的方法来理解案例的具体特征具有重要意义。② 这类研究应该也能帮助我们找到将不同层面（个人、研究领域、机构、国家）不同类型的措施恰当有效地结合起来的方法，并帮助我们找到将科研伦理和法律恰当而有效地结合起来的方法。

参考文献

Anderson, M., M. Shaw, N. Steneck *et al.* (2013). Research integrity and misconduct in the academic profession. In *Higher Education: Handbook of Theory and Research*, M. Paulsen (ed.), 217 – 261. Dordrecht: Springer.

Habermas, J. (1988). *On the Logic of the Social Sciences.* Cambridge: Polity Press.

Habermas, J. (1996). *Between Facts and Norms: Contributions to a Discourse Theory of Law and Democracy.* Cambridge: The MIT Press.

Israel, M. and I. Hay (2006). *Research Ethics for Social Scientists. Between Ethical Conduct and Regulatory Compliance.* London: Sage.

Kalleberg, R. (2007). A reconstruction of the ethos of science. *Journal of Classical Sociology*, 7 (2), 137 – 160.

---

① 我对其中的一个方案进行了记录和评估（报告只在挪威发表）。

② 美国案例与挪威案例之间的对比分析值得跟进。本章所关注的两个案例似乎与科研诚信办公室在 1992 年至 2003 年间所处理的 146 起不端行为案件不同，这一点很有意思。科恩菲尔德（Kornfeld）指出，那些被发现有不端行为过失的人中，有 3/4 “承认自己的罪行或没有为自己辩护。没有人声称他们被指控的罪行不应该被视为是科研不端行为”（2012）。在这两个挪威案例中，研究人员坚决不同意自己有不端行为。相关的比较问题可能会有以下三个：挪威案例中研究人员不承认存在学术不端行为可以用法制化来解释吗（至少在一定程度上），而与之相反，美国模式是否不那么受法制化的影响？挪威的法制化是否在事实上给予了研究人员更好的保护？所讨论的法制化问题是否能保护科研诚信？

Kalleberg, R. (2009). Can normative disputes be settled rationally? On Sociology as a normative discipline. In *Raymond Boudon. A Life in Sociology*, M. Cherkaoui and P. Hamilton (eds.), 2, 251 –269. Oxford: The Bardwell Press.

Kalleberg, R. (2011). The cultural and democratic obligations of universities. In *Academic Identities-Academic Challenges. American and European Experience of the Transformation of Higher Education and Research*, T. Halvorsen and A. Nyhagen (eds.), 88 – 124. Newcastle: Cambridge Scholars Publishers.

Kornfeld, D. S (2012). Research misconduct: The search for a remedy. *Academic Medicine*, 87 (7), 877 –882.

Merton, R. K. (1973). *The Sociology of Science. Theoretical and Empirical Investigations.* Chicago: University of Chicago Press.

Merton (1942). The Normative Structure of Science. In *Merton* 1973, 267 –278.

Merton (1957). Priorities in Scientific Discovery. In *Merton* 1973, 286 –324.

Merton (1963a). The Ambivalence of Scientists. In *Merton* 1973, 383 –412.

Merton (1963b). Sociological Ambivalence (with E. Barber). In *Merton* (1976) *Sociological Ambivalence and Other Essays*, 3 –31. New York: The Free Press.

Mintzberg, H. (1983). The meritocracy. In *Power In and Around Organizations*, 388 – 419. Upper Saddle River: Prentice Hall.

NENT (2007). *Guidelines for Research Ethics in Science and Technology.* Oslo: National Research Ethical Committees. See www. etikkom. no (accessed on 25 October 2014).

NESH (2006). *Guidelines for Research Ethics in the Social Sciences, Law and the Humanities.* Oslo: National Research Ethical Committees. See www. etikkom. no (accessed on 25 October 2014).

Posner, R. (2007). *The Little Book of Plagiarism.* New York: Pantheon Books.

Steneck, N. (2006). Fostering integrity in research: Definitions, current knowledge, and future directions, *Science and Engineering Ethics*, 53 –74.

Tranøy, K. E. (1988). Normative aspects of scientific activity. In *The Moral Import of Science. Essays on Normative Theory, Scientific Activity and Wittgenstein*, 109 – 153. London: Sigma Forlag Distribution.

Ziman, J. (2000): *Real Science. What It Is And What It Means.* Cambridge: Cambridge University Press.

（王　晶　王镜涵　译）

• 第 18 章　科研诚信与可靠的数据管理：荷兰经验

基斯 · 舒特①

仔细区分当前两个广受争议的现象是非常重要的：（a）加强数据管理、控制数据与数据共享的需要；（b）科研不端行为（即欺诈和伪造）。科研不端行为有多种不同的表现形式，是科学所谓的“原罪”。尽管没有人真正知道其盛行程度和发生频率，但它仍然是当今媒体的热门话题，尤其是在发生过戴德里克 · 斯塔佩尔事件之后的荷兰。一些常见的违规行为，例如数据微调和篡改，对科学研究的信任感和对真理的追求产生了更多影响。但是我们也不知道存在问题的研究行为发生的频率。我们需要知道更多吗？我们要对科研伦理做更多研究吗？如果这样的话，完成这一研究最好的方法是什么？

本章篇幅较短，主要进行综合论述。我先就诚信问题谈一些自己的看法，然后着重探讨好的数据管理与加强数据管理的方法，包括归档法。我还总结了荷兰皇家科学艺术学院报告中的几个要点，并把它们一一列出来。该报告是在斯塔佩尔事件调查之后发表的，指出在研究和教学中、在理论与实践方面，知识研究所、科学院以及大学应该怎么做。

诚信

我们能从斯塔佩尔事件以及科学界其他引人关注的欺诈案例中学到什么？近期，德国又有 90 篇有关麻醉药的文章被撤回，这一事件关乎很多患者的生命安全（博尔特事件，《英国医学杂志》2013 年 3 月 19 日）。在比利时，新的研究表明，每 12 名生物医学研究人员中就有 1 名承认有过不同形式的轻微造

① 基斯 · 舒特（Kees Schuyt），荷兰阿姆斯特丹大学；国家科研诚信办公室主席（2006—2015）（University of Amsterdam；Chair of the National Office of Research Integrity）。——译注

假（Verbeke，2013）。我们能从这些事件中学到什么呢？现代科学的确需要也应当需要团队合作，它不是那些不与人为伍的人可以胜任的工作，科学的控制系统也并不是无懈可击的。

用克利夫·斯特普尔斯·刘易斯的话说，诚信就是："即使没有人监督，也要做正确的事。"对于研究人员、医学专家、律师、法官来说，诚信是一种职业价值观。科学研究的诚信是一种固有的、内化的价值观，即使没有人监督，在任何的情形下都应该被遵循：在实验室里，在海洋生物学家研究鲨鱼生活习性的公海上，或者在人类学家进行野外工作的遥远场所。但是诚信是受场合限制的：伪造，在小说创作中是合适的；然而在科学界，伪造就是违规行为。伪造、篡改和剽窃是主要的违规行为。此外，还有一些存在问题的研究行为。哪些行为是被允许的，哪些行为是不被允许的？这条界线如何划定？欺诈和剽窃，哪种行为更恶劣？不说谎，不抄袭，这两者听起来很简单，却都是科学界的硬性规定。我们真的不需要新的或者更具体的规定，我们要做的是时刻保持警惕，遵守我们的诺言。

为了讨论这个话题，我认为牢记以下几个概念的和实际的区别非常重要：

- 诚实的行为与不诚实或造假的行为；
- 好的研究行为与不好的却出于好意的研究行为；
- 有争议的科学与不诚实的研究（在荷兰国家科研诚信办公室成立之前有一些棘手的情况，问题是，不好的研究什么时候变得如此恶劣，以至于它与不诚实的、疏忽的研究画上等号?）；
- 反对科研不端行为（以及违反伪造、篡改和剽窃的行为）的规定与最好的实践的规定（以及令人满意的行为）。

荷兰皇家科学艺术学院报告中把诚信研究的职责限定在三个层面：个人研究人员及其研究小组、科学团体的非官方网络、一些研究机构（例如大学董事会和研究委员会）。

改进数据管理

数据管理的改进是阻止科学界欺诈行为的必要但不充分条件。完善的数据管理对科研诚信也是非常重要的。

荷兰皇家科学艺术学院报告认为在研究领域有两个薄弱的环节：第一个是数据收集与数据处理，第二个是研究完成后的归档工作。在研究领域中还有三个关键点：获得授权、提交论文进行同行评审以及论文发表之后将研究在科学领域公开并进行批判性讨论。

不好的研究实践包括：完全独自一人做研究，独自一人收集数据，把数据保存在私人电脑上，独自保管文件，缺乏统计知识和训练，以及尤其是对新生来说缺少导师指导。

研究数据的类型和数据收集的途径多种多样，但我们可以跨学科学到一些东西。好的研究行为包括认真地收集数据并进行存储，写日志和记录一些包括日常进程在内的重要的研究决定，小组合作，经常讨论所采取的研究方法及其结果的意义和重要性，最后将论文提交审查。我们既有好的科学和不好的科学，也有好的科学家和不好的科学家。例如在英国，有一些非常有名的学者，他们发表的论文虽然数量不多，但质量却非常高。此外，这些学者，有些也被称为指导教师，花了大量时间在他们的学生身上，在他们同事的论文和书籍上，因此，他们的精力更多用来阅读，而不是仅仅集中在发表论文上。

为了改进数据管理，必须考虑建立系统之间的合作。在论文提交之前让同事审阅，这样可以同时完善数据和论文。但是好的研究行为并不一定会顾及最近发现的所有问题。在那些重大的学术不端案件（欺诈、伪造与剽窃）和好的日常研究中间，有一个灰色地带，其间有一些存在问题的研究行为。比利时的一项调查（Verbeke，2013）显示，每 12 名生物医学研究人员中就有 1 名承认有过某种存在问题的研究，尤其是数据篡改和微调。捷尔特・维歇特斯也报道过，在已发表的心理学论文中存在数据操作的不足（Wicherts 等，2006；Wicherts 等，2011）。分享数据的意愿与论证的力度和报告研究结果的质量有关（Wicherts 等，2011）。数据篡改和微调是长期存在的问题，也许我必须说是持久的问题。

数学家查尔斯・巴贝奇，同时也是计算机之父，在 1830 年写了《关于科学在英国的衰落及其某些原因的思考》（*Reflections of the Decline of Science in England and Some of Its Cause*）一书，在书中他抱怨他那个年代的一些罪行，微调和篡改："数据微调就是从那些明显高于平均水平的报告中各处摘取一些片段，再将其粘贴到低于平均水平的报告中。"（Babbage，1830）巴贝奇不赞成数据微调，但他理解这背后的原因："原因是调整者的观察结果平均水平大致是相同的，无论它们是否被调整过。他的目的是获得一个做观察极为精确的名声；但出于对真理的尊重或者出于深谋远虑，他并不曲解从自然那里获得的事实。"（《关于科学在英国的衰落及其某些原因的思考》）数据篡改则更糟糕："为了让普通报告的外观和内在都有最高的精确度。其中一个环节是做多次观察，然后从中选取一致的或接近一致的结果。如果做了 100 次观察，却挑不出

15 个或 20 个有用的结果，只能说观察者非常不幸了。”（《关于科学在英国的衰落及其某些原因的思考》）

以上这些话都写于 19 世纪。今天，这种存在问题的研究行为还在以各种各样的形式出现。但是我们如何真正知道这种失实的数据有多普遍呢？作为一个有着 40 年研究经验的社会学家，我甚至对那些有关科学界不端行为的个人报告有些质疑。

现在需要做什么？近来报纸上的文章和皇家科学艺术学院的报告中都给出了很多建议。越简单越好，不要再提出更多的规定和章程了。就我个人而言，我怀疑宣誓的必要性：因为有人会认为它是对好的研究者的不尊重，但也许它可以帮助提醒人们记住科学的真正价值：追寻真理、公开透明。

让我以一种悖论来做结尾吧。数据管理的改进需要更多来自同行业的压力，更多的小组控制和讨论，更多人的关注，更多奖励和处罚——简而言之，外在的激励。悖论就是：如何通过增加外在的压力来内化研究诚信的内在价值。我的答案是：在任何时候，两者都要兼顾；做对的事情，因为你相信科学，因为你的同行会帮助你一直保持对科学的信念。

参考文献

Babbage, C. (1830). Cited by Broad and Wade, *Betrayers of the Truth*, 1983, 29 – 30.

Verbeke, R. (2013). EOS. *Belgium Scientific Journal*, 4, 24 – 33.

Wicherts, J. M. *et al.* (2006). The poor availability of psychological research data for reanalysis. *American Psychologist*, 61, 726 – 728.

Wicherts, J., M. Bakker and D. Molenaar (2011). Willingness to share research data is related to the strength of the evidence and the quality of reporting of statistical results. *PLoS ONE*, 6 (11), e26828.

（王　曼　译）

第19章　我们能从斯塔佩尔事件中学到什么?

彼得·J.D. 德伦斯[①]

自戴德里克·斯塔佩尔学术造假事件公开曝光，尤其是在三大委员会发表了调查报告《有瑕疵的科学：社会心理学家戴德里克·斯塔佩尔科学研究实践造假事件》（*Flawed Science*：*The Fraudulent Research Practices of Social Psychologist Diederik Stapel*）的调查报告后（三大委员会由斯塔佩尔曾经任教的三所大学所组成：阿姆斯特丹大学1995—2000年，格罗宁根大学2000—2005年，蒂尔堡大学2005—2012年）[②]，学术界及媒体对此事件的反映各不相同。起初的意外和怀疑很快被愤怒和忧虑所取代。特别是公共媒体的头版文章中频繁出现愤怒的谴责。许多作者试图分析科学欺诈者的心理动机和人格。荷兰及国际科学期刊更加保守一些，但还是对调查报告中所曝光的造假行为做出了明确的谴责。甚至少数针对该报告提出质疑的学者——大多是社会心理学家，他们认为这起事件损害了整个社会心理学的名誉，都对斯塔佩尔的不正当行为做出声讨。[③]

然而，无论怎样易于理解，这些愤怒沮丧的言辞，都不太有成效。对此次重大科学造假事件进行深入分析则更有意义，需要探究的是在15余年的时间里为什么一直没有人发现它的存在。

---

① 彼得·J.D. 德伦斯（Pieter J. D. Drenth），荷兰阿姆斯特丹大学、全欧科学院名誉院长（VU University Amsterdam；Honorary President All European Academies，ALLEA）。——译注

② 蒂尔堡大学莱维尔特委员会（W. J. M. 莱维尔特教授），阿姆斯特丹大学德伦斯委员会（P. J. D. 德伦斯教授），格罗宁根大学诺尔特委员会（E. 诺尔特教授）；综合协调：W. J. M. 莱维尔特。该报告又称《斯塔佩尔报告》。本章详尽地提及该报告。相关资料参见 www. commissielevelt. nl。

③ 特指欧洲社会心理学协会的声明。英国心理学会社会心理学部分的声明（Gibson，2013）。另参见三大委员会的答辩（Drenth 等，2013）。

学术欺诈的性质和程度

首先，回顾事实真相。在斯塔佩尔事件中，我们谈到学术欺诈“三大手段”中的篡改和伪造，并没有提及其中损害最小的一种——剽窃。

对斯塔佩尔正式发表的137篇论文进行了彻底调研后，由三所大学组成的调查委员会（三大委员会）得出结论，其中25篇论文的数据是篡改过的，30篇论文的数据是伪造的（例如伪造出不存在的学校或未进行过的调查）。据统计分析，还有10篇论文很有可能也存在学术欺诈。故而，斯塔佩尔所发表的论文中几乎有一半是基于伪造的数据。此外，他所指导的18篇博士生论文中的10篇也使用了伪造数据。

调查委员会发现，没有证据显示这些论文的合著者和斯塔佩尔一起故意伪造了数据，尽管在许多情况下，他们应该在学术方面做得更谨慎。而且，相关博士生并不知道那些数据是伪造的。在调查委员会看来，他们也对造假之事一无所知。因此，这些调查结果对于以前授予的博士学位没有产生影响。

这起学术欺诈引发了多重伤害：

- 首当其冲的是合著者、博士后研究员，尤其是年轻的研究人员，他们的大量研究成果都烟消云散，他们发表的大多数成果变得毫无价值；
- 其次是科学，尤其是社会心理学，遭受了如此大规模的学术欺诈公开曝光，公众的嘲笑和讽刺打击的不仅是斯塔佩尔个人，而且是整个社会心理学研究领域。要完全走出此次事件的阴影或许需要很长时间；
- 斯塔佩尔工作过的大学的声誉受到了损害。不过，值得称赞的是他们决定彻底调查该事件；
- 国际期刊不得不撤回65篇文章；科学期刊憎恶撤刊，这有损其声望；
- 国内外基金会后悔其分拨给斯塔佩尔的资金被不当使用，这些资金本应给其他更值得资助的申请人。

现在，首要问题是：这起严重侵害科研诚信的事件为什么会存在这么长时间？是什么导致了这起违反规范和标准的事件？在违规者所处的直接和更广泛的科学环境中我们忽略了什么？我们应怎样防止此类事件的发生？总之，我们能从斯塔佩尔事件中学到些什么？本章首先探讨一些教训和建议。

包罗万象的调查

关于学术欺诈的投诉和指控，调查委员会通常只会调查有问题的论文或是随机抽选被调查者的小部分作品。针对不同造假学者采取合适的调查措施，确实会找出欺诈的证据。但是，在其他情况下，这种做法未必完全有效。尤其是在处理篡改或伪造数据等严重学术欺诈时，造假者的所有其他作品不一定都“清白”。换句话说，其他造假论文和研究报告很可能已经作为文献急剧扩散。如果其他学者将这些虚假研究结果作为研究基础，或者将元分析建立在这些伪造的数据之上，这不但会浪费时间和金钱，还会造成虚假的研究进展。这也会导致有害和危险的结果，尤其是在应用科学领域，例如医学，以虚假研究为基础的医用产品和医学治疗可能会危及生命。

值得称赞的是，斯塔佩尔曾经任教的三所大学允许三大调查委员会细查所有斯塔佩尔的作品。他所有的作品和他所指导的博士论文都一再被调查。聘请来的统计学家对这些作品的数据和设计进行严格（再）分析。所得的分析结果总汇已在前文提及。我们不得不承认这项工作人力物力代价高昂，但是三所大学对此一力承担，将之作为对自己和对整个科学界的责任。

统计证据

负责调查斯塔佩尔在阿姆斯特丹期间（1995—2000）是否涉嫌学术欺诈的德伦斯委员会面临两个困难。第一，所有原始研究数据都丢失了（因为已经过去 12 年多，情有可原）；第二，斯塔佩尔本人不承认。他说：“我提供的数据也许会有问题，但我记得，那段时期我没有造假。”结果，该委员会的分析只能集中在可疑、不合常规的结果以及在统计学上非常难以置信的结果上。他们使用了许多非常规的指标，最重要的一个指标是由克里斯·克拉森（Chris Klaassen）提交的，他是统计学教授兼德伦斯委员会的委员。他推导出[①]了贝叶斯公式，该公式表明，如果根据科学原理挑选出实验组和对照组，从而得出数据，再将这些数据的组成、分布和问题文章中数据的组成、分布进行对比，就能得出该观察组和对照组的数据被篡改的概率。那么，该系数就是“篡改证据”的指标。

---

① 在与美国研究员乌里的通信中，曾参与类似的检测程序。更多信息参见 c. a. j. klaassen@uva. nl。

使用这些指标，斯塔佩尔在阿姆斯特丹大学期间的所有论文的欺诈可能性都可根据以下标准判定：不适用/没有/微不足道/轻微/相对严重/严重。最后两个标准是判断是否有“造假证据”的充分依据。必须指出的是，不论怎样，这个“证据”从统计学角度反映了高度可能性，但不能构成学术欺诈的法律依据。但是，如果一个欺诈者质疑该大学根据这种欺诈“证据”取消授予的学位的决定，那么，这个论证能否在法庭上站住脚，尚待分晓。

我想要提醒人们注意贝叶斯定理的广泛适用性。任何调查委员会，学院或大学董事会，或者期刊编辑部，在必须处理学术欺诈指控，但是又没有检验数据可用，也没有问题作者的供词时，这个定理对得出结论非常有用。

高校与研究机构的反应

斯塔佩尔的学术欺诈行为曝光后，荷兰的高校与国内外的研究机构大为惊愕。这次曝光有助于完善和（重新）执行相应措施及规范，以在全国各级机构中形成科学诚信的氛围。这些措施和规范包括：

- 为防止不当行为现象，认可并公开相关行为守则、行为规范、清晰的不当行为处理流程说明；
- 规范违规行为的举报机制，组建诚信委员会，任命诚信委员会委员，保护举报者，使用电子抄袭检测系统；
- 提出建立数据存储和存档系统的要求，并维护数据的开放性；
- 聘任研究人员时，需签署声明，表明其已知晓行为准则并且将会遵守当前的诚信研究的要求；
- 坚持撤回期刊中的问题论文，最好注明撤回论文的原因。

同时，高校已经意识到自己有责任通过教学、引导学生及新员工、资深研究人员在研究中以身作则来营造诚信氛围。高校还意识到应该将诚信行为作为方法论课程及实验课程的必修内容；发现或怀疑有违规现象时，学生和研究人员有责任采取相关措施。

高校还意识到，这些要求同样适用于过去几十年间数量激增的国际合作研究项目。国际合作研究领域中，重要的是要达成关于诚信研究的标准要求的国际协定，在出现可疑的违规行为时，也应有相应的处理流程：立刻通知负责该研究的组长采取相关措施（《欧洲科研诚信行为准则》，欧洲科研基金会和欧洲人文与自然科学院联合会，2011）

学术界还讨论了是否应当对当前已被高估的指标进行弱化还原，如发表论文的数量、引用指数、重点期刊的引用数量、H因子等，这些指标常被用于激励机制和晋升政策中。同时，还讨论了通过其他方法来评估论文质量的问题。他们认为：并不是“发表成果或淘汰出局”文化导致不端行为现象盛行，而是对更高分数的不正常渴望导致行为超越了可接受的范围（IAP，2012）。

加强监管

委员会认为，不能简单地将斯塔佩尔的行为仅仅视作是个人行为或机构的错误。斯塔佩尔至少在三个不同的地方工作并担任过多个职位。他的论文有很多人经手，有导师、博士审稿委员、合著者①、同事、审稿人、编辑，几乎没有人提出批评或怀疑。

委员会全面分析斯塔佩尔所发表的论文后，得出了另外一个结论：科学腐败现象渐渐浮出水面时并不是赤裸裸的欺诈行为，而是针对正确研究规范打擦边球：包括增加样本数量直至差异足够大、删除未产生支持数据的实验结果、根据事后判断去除一些不利的观察结果、数据缺陷、测验失误、不完整或不正确的报告。简而言之，就是“验证偏差”的各种体现。委员会发现，合著者、审稿人、同事中居然没有一个人发觉这些实验和数据的缺陷，这着实令人惊讶。

因此，很有必要加强体制监管，这可通过以下措施实现：

- 提高主编、合著者、审稿人的警惕程度，及时发现可疑的研究诚信违规行为和“验证偏差”现象；
- 妥善保存、管理数据，以便更为方便地进行复制研究；
- 更多地理解、支持重复和验证研究；
- 强调合著者为发表的论文负全责，特殊情况除外；
- 确保加强博士生的监管，包括检测和评估原始数据的质量；导师必须确保数据已被诚实并负责地收集、编码和处理；
- 强调信息透明度，有义务与同事（如果可能的话，与研究组成员）共享与讨论研究发现；
- 禁止单独或在无监控条件下进行收集、阐释数据的行为；
- 督促科学期刊解决“发表偏差”的问题（Fanelli，2012）。“发表偏差”

① 65位不同的合著者，其中32位合著虚假论文。

会导致研究领域中过于乐观，抵制高风险的项目，导致研究学者误入“验证偏差”，甚至是篡改或捏造数据。

轻微的不端行为

《欧洲科研诚信行为准则》中提到了“轻微的科研不端行为”：“调整”部分资料和数据，删除一两个不理想的观察结果，错误总结，随意删减，简而言之，大部分都是斯塔佩尔报告中所谓的“验证偏差”。与严重的科研不端行为不同，轻微的科研不端行为不会招致正式的指控与调查，但会产生负面影响，原因是：一，轻微的科研不端行为的可能出现的频次较高；二，轻微的科研不端行为可能会发展为严重的科研不端行为。斯塔佩尔报告很形象地验证了由坏到更坏的发展过程，斯塔佩尔自己在新书中也同样描述了这一点（Stapel，2012）。《欧洲科研诚信行为准则》还提及，关于这种轻微的科研不端行为，我们指的是不可容忍的违反科研诚信原则的行为，这是学术造假的“萌芽状态”。

结论

斯塔佩尔学术造假丑闻的曝光与详尽分析所带来的好处就是：荷兰国内外各机构都在各个层面提高了对科研诚信的关注。如果这有利于促进科研诚信，推行强有力的管理方法，确保更高诚信的标准的实施，那么，委员会的调查工作就没有白做。

参考文献

Drenth, P. J. D. (2013). Institutional responses to violations of research integrity. Paper at COPE European seminar on publication ethics from student to professional. London, 22 March 2013. Also available at http://publicationethics.org/resources/seminars (accessed on 25 October 2014).

Drenth, P. J. D., W. J. M. Levelt and E. Noort (2013). Flawed science? a rejoinder. *The Psychologist*, 26(2), 80 – 81.

ESF/ALLEA (2011). The European Code of Conduct for Research Integrity, ESF (www.esf.org), ALLEA (www.allea.org) (accessed on 25 October 2014).

Fanelli, D. (2012). Negative results are disappearing from most disciplines and countries. *Scientometrics*, 90, 891 – 904.

Gibson, S. (2013), Flawed science? *The Psychologist*, 26(2), 80.

InterAcademy Council (IAC) /InterAcademy Panel (IAP) (2012). Responsible Conduct in the Global Research Enterprise. Available at http: //www. interacademycouncil. net/ (accessed on 25 October 2014).

Levelt, W. J. M., P. J. D. Drenth and E. Noort (2012). *Falende Wetenschap: De Frauduleuze Onderzoekspraktijken van Sociaal-Psycholoog Diederik Stapel* (*Flawed Science: The fraudulent research practices of social psychologist Diederik Stapel*, WordPress RSS). Report Tilburg University, University of Amsterdam, University of Groningen.

Stapel, D. (2012). *Ontsporing* (*Derailment*). Amsterdam: Prometheus.

（王　煜　王　敏　译）

第四部分

培养科研诚信

科学史上大部分时间里，诚信基本上都是理所当然被视为科研活动、探索和出版过程的一部分，诚信方面偶尔的失误会被当作出错或失常而打发掉。只有在过去30年间，诚信才开始被视为需要从事研究的机构加以注意和支持、要求经常性的警惕和监督、值得制定详细指导性方案的事情。简而言之，必须培养诚信。但是怎么培养诚信呢？

本部分各章描述了一系列增强科研可信度的做法。彼得·卡库克呼吁对那些经常与科研诚信原则相悖的隐性课程或非正式信息加以注意。这些隐含信息反而支持在竞争激烈的科学环境中的生存之道，并利用了规则和伦理规范在解释上的模棱两可。

相比之下，利特斯·O.K. 拉特根的注意力转向培养诚信战略的具体方面，即原则、伦理和行为准则。他认为科研伦理管理意味着需要在科研过程的每个阶段都关注诚信。

伊丽莎白·薇吉尔和萨宾·克莱纳特考虑了科研诚信的一个具体关注点，也就是说，所谓的学术不端案例应如何由卷入其中的学术期刊、机构和资助方合作处理。这一章描述了第三届世界科研诚信大会一个重点问题的结果。在这次大会上，与会者探讨了最近发表的关于学术期刊和研究机构之间就诚信案例进行合作的指导原则。它提出了许多相关问题，表明建立适当而公平的程序来实现有效的合作是多么困难。

琼·塞伯提出了对这种针对学术不端所做出的高层次、多机构反应的一个替代方案。她指出，学术不端经常会通过“吹双簧管”而不是吹口哨的方式得到平静处理，结果也不错。她进而建议说，讲故事是一个容易让人记住的方式，可以传达关于诚信、学术不端和“安静又有效解决方案”的信息。

莱拉·阿克马蒂娃、古尔娜拉·瑞诺娃和鲍里斯·威丝曼采取了一种不同做法。他们对俄罗斯物理学家所了解的科研伦理进行了调查，并考虑了那些已经学习过科研伦理的人和尚未学习过的人之间的视角差异。

最后，黄淑敏汇报了在中国台湾地区通过机构监督协议来培养人文社会科学方面诚信的做法。

本部分主要是比较培养诚信的正式做法和非正式做法。我们可以认为二者都是适当可行的，都是为了保证科研及其产物可信度而做出的持续努力。

梅丽莎·安德森

• 第 20 章　促进科研诚信和评估隐性课程

彼得 · 卡库克①

20 世纪 80 年代，美国的一些引起高度关注的案例引发公众对科研不端的关注，并促进科研诚信成为一个明显的伦理问题。经过很长时间对不端的定义的辩论后，关于科研不端的各个方面也开始被分析与研究。因此，21 世纪初期有以促进科研诚信为目的的各种发展并出台了相关政策；制定科研行为的伦理规范和守则；将调查可疑案件的程序规范化；建立具体的监管机构；建立收集不端行为资料的程序等。30 多年来越来越多的科研诚信工作表明，要促进科研诚信，控制科研中不端行为出现，关键在于对年轻科学家的教育。因此，在美国和一些欧洲国家，关于科研伦理的课程和教育有很多，这些课程和教育通常被称之为“负责任研究行为教育”（Steneck，2013）。作为科研领域不当行为的研究者兼教授这类课程的老师，我对这些课程能否完成它们改变科学家行为和促进科研诚信的目标持怀疑态度。我的怀疑大部分基于正式的负责任研究行为课程和科学教育的非正式和隐性课程之间明显的紧张关系。

因此，我试图将关于医学教育的隐性课程的早期见解和目前对科学家、研究人员的正确行为准则的教育做一个比较。我质疑当前促进科研诚信的方法能否面对隐性课程的问题。我从出版伦理的正式课程和隐性课程里选取例子，分析科学研究的正式和非正式行为规范之间的紧张关系。

20 世纪 90 年代，隐性课程的概念由哈弗蒂等人通过区别医学教育不同层面而提出（Hafferty，1998）。首先，他们提出要给予“教育发生在多维但内部互相关联的学习环境中”这个观点足够的重视。除了在大学课程手册、评审

① 彼得 · 卡库克（Péter Kakuk），匈牙利德布勒森大学（University of Debrecen）。——译注

文件和其他官方文件中查询到的正规课程之外（即注明的、要教给学生的、正式的并获得认可的课程），未来的专业人士还可以通过其他学习资源获得知识。因此他们对“这个领域如何运作”、他们的专业态度和关于专业文化及其价值体系的大部分认知都来自其他的学习环境。

将非正式课程看作学习的重要来源可以让我们关注并评估这些未注册的、非常特别的、在教师与学生之间以紧密人际交往的形式展开的教与学的动态效应，还能评估在正式教育领域之外的学习榜样的影响。学习的第三个维度，即隐性课程，被描述为在组织结构和文化中有一系列影响。在更广泛的科学文化范畴中，未来的专业人士变得社会化，而隐性课程引导我们对更广泛的科学有正确的认知和评价。这个概念强调了教育发展的动态张力，它将教育描述为一个文化过程，持续不断地受到外部因素和内部综合问题的影响，并提出了一系列待调查问题。在科学活动中，科学家的日常研究中，创造和传播的最基本的价值和信息是什么？在实际情况中对实验室最重要的是什么？对于机构来说最重要的是什么？对于学校呢？谁会被同事视为成功的科学家呢？

因此，将视野拓宽到这些非正式的学习资源，认识它们的价值体系，可以使我们收集到有关科研机构和组织的“实际价值”（与专业价值相反）的数据，并可以分析其对科学家负责任研究行为教育上的动态影响。我将试图进一步详细探讨科研出版的伦理问题。如果我们关注更具体的个人决策的情况，那如何将科研诚信的正式规范与科学的非正式的、隐性的、不言自明的一面联系起来？

近十年来，与出版伦理规范和著作权相关的正式科研诚信规范在科学期刊指南、科研机构政策、宣言、声明以及学术团体的行为守则中日渐明确、规范。这其中包含的规范以及价值观构成了负责任研究行为正式课程的框架和内容，例如：“作者是为作品的发表做出了重大贡献的人。禁止荣誉作者和代笔作者，这两者都是不当行为。引文应诚实准确。禁止冗余发表和变相重复发表。”对这些规则有不同的诠释，并且正如学生常说的，不能完全指向明确且无可争辩的结果。尽管大多数规则都是从科学的全球性和普遍性的角度定制的，这些规则还是需要在个案中进行诠释。而诠释一定会受全球和各国科学文化影响。然而，这正是非正式的隐性课程发挥影响的地方，它影响着个人的诠释和选择，试图从他们非正规的、默认的发表规则的角度履行正规的要求。这就是我的学生如何用其他关于优秀、多产、成功的科学家的要求来挑战我的正式课程的内容。

这些要求可以被称为生存知识和技能。首先，发表成果或淘汰出局是当前科学文化的一个基本特征。因此，对于科学家个人及对研究团队和机构而言最重要的问题是：如何提高科研论文的产出效率？尽管不同国家和学科之间对于如何评估效率存在一些差异（例如，建立发表的整体价值影响因素的状态；书籍和期刊论文的价值比较），但仍有一些标准在全球科学界都适用。这些可以制定为科研出版的要求或默认规范："仔细规划你的研究报告！预先算出项目内'最小可发表单元'！不要是论文的唯一作者；不要孤身奋战，也不要只找一个人同你一起工作！建立作者联盟（5 人到 8 人的联盟明显每年可以写出更多论文）！谨慎使用引文和参考文献！建立一个引文联盟！从长远来看，它可以显著增加你的引文索引。"

也许有人会说科研发表隐性课程的这一表述严重夸大，且没有实际证据。然而它还是可以帮助我们阐述科研领域的现有激励体系与科研出版伦理标准的正式课程之间的潜在紧张关系。此外，作为起点，它还可以进一步详细描述科学的正式课程和隐性课程的关系。当然，我们需要扩展科学研究非正式规范的实证研究（通过焦点小组法、参与观察法、采访法）以明确科研实践的奖励机制。我们可以思考正式课程是否需要某种修订，从强调诚信与生存之间的对抗，改为两者都要关注。[应该研究非正式规范和价值观念是如何影响正式课程带来的问题。]

如我在本章开头所提到的，负责任研究行为教育现在是促进科研诚信的首要焦点，旨在改善科学家行为。但如我以上所述，这一方法有薄弱之处。首先，我们侧重正式的教育，忽略了很多更占优势的学习资源和社会化资源，而这些对科学家未来的行为具有更持久、强大的影响力。因此如果没有根本的文化改变，有的教育行为并不能帮助建立和培养科学诚信。当我们关注那些创造或支持灰色区域活动的激励体系时，例如在生物医学领域研究中的作者存疑，这一点尤其如此。激励措施通常有助于营造竞争环境。但是已经有人指出，支持"发表成果或淘汰出局"文化的科研政策以及竞争会产生有负面影响（Anderson 等，2007）。解决这一问题的一个办法是限制仅针对作者（或科研机构）论文数量的奖励措施。我们应当改变用于评价科学家个人表现的方法和标准（Ioannidis，2008）。在学术推广中发表和写作成了重要因素，非常强烈的"无限"激励措施的建立深刻影响了科学行为。因此我们应当寻求其他能够限制只顾数量的发表行为的激励措施。一些科学期刊已经做出尝试，例如，如果论文作者的数量超出刊物政策规定上限，作者需要向刊物呈上详细的理由。

最后，我举例说明怎样调整而不是简化这些激励措施。学术界、大学、科研机构和其他相关机构以及负责评价科学家个人表现的相关机构，应当避免将多作者的论文算作每一作者的发表积分这一现状（Kovacs，2013）。如果一篇论文由 4 位作者写成，那么每位作者都有 1/4 的积分（或者作者可以自行商议分配他们的积分）。

参考文献

Anderson, M. S., E. A. Ronning, R. De Vries *et al.* (2007). The perverse effects of competition on scientists' work and relationships. *Science and Engineering Ethics*, 13(4), 437 - 461.

Hafferty, F. W. (1998). Beyond curriculum reform: Confronting medicine's hidden curriculum. *Academic Medicine*, 73(4), 403 - 407.

Ioannidis, J. P. A. (2008). Measuring co-authorship and networking-adjusted scientific impact. *PLoS ONE*, 3(7), e2778.

Kovacs, J. (2013). Honorary authorship epidemic in scholarly publications? How the current use of citation based evaluative metrics make (pseudo) honorary authors from honest contributors of every multi-author article? *Journal of Medical Ethics*, 39(8), 509 - 512.

Steneck, N. (2013). Global research integrity training. *Science*, 340(6132), 552 - 553.

（王 樾 译）

• 第 21 章　科研诚信软件：科研准则、报告以及声明在科研伦理和诚信中的作用[①]

利特斯 · O. K. 拉特根[②]

这些都是我所遵循的原则。如果你不赞同，我还有其他的原则。

——格劳乔 · 马克斯

在研究科研伦理和诚信的过程中，我发现了影响我们理解的四个普遍观察结论（Lategan，2010，2011，2012a，2012b）。这些结论之所以“普遍”，一是因为这些结论尽管并未得到充分研究，却让我们了解了研究环境；二是因为这些结论影响了所有科研工作者，包括研究人员、研究助理、研究管理人员和研究决策者。

我所说的观察结论如下：

• 我们可将科学理解为对含义、解释和真相的追寻——因此科学家应该是正直高尚的人。自此可引出一种（抽象的）讨论，那就是，科学本质上是好的，但由于科学家抱有个人意图、采取不当的研究方法或滥用研究成果，则可能会对研究过程和结果产生不良影响。这种假设构建了“良好的”研究理念，并表明了基于价值的科学实践的重要性。2012 年，国际科学院委员会（Inter-

---

① 这项研究基于两篇会议报告，一篇名为《科研诚信软件?》，2012 年 9 月 10 日至 12 日在贝尔格莱德召开的第二十五届高等教育研究人员联盟会议上宣读；另一篇名为《为南非科研诚信设置议程》，2013 年 5 月 5 日至 8 日在蒙特利尔召开的第三届世界科研诚信大会上宣读，也是 2012 年 9 月 4 日至 7 日在伊丽莎白港召开的第十届南非研究创新管理协会周年会议的文稿。

② 利特斯 · O. K. 拉特根（Laetus O. K. Lategan），南非中央理工大学（Central University of Technology）。——译注

Academy Council）就全球研究机构负责任行为所做的报告，便是一个典型的例子。这份报告所做的研究以七种基本价值为基础，即诚实、公平、客观、可靠、怀疑、责任和公开，这些价值的内涵有共通之处。可见，科学家应该将声誉放在首要位置，其科学贡献应反映上述价值。特拉福德（Trafford）和莱塞姆（Leshem）（2008）指出，在“博士阶段”的研究中，伦理和诚信至关重要。这一观点指出了博士研究在研究活动范围、研究展示和研究结果方面与其他研究项目之间存在的差异。同时，这也是一种资格，与每个人之前的任何资格都不同；

• 对于伦理的教学和应用，存在三种相左的意见：（a）一个人的伦理不是教出来的，而是取决于他的个人立场及其所赞同的价值体系。伦理学既是一门科学学科，也是个人可能形成的价值体系。（b）经验和模仿可以刺激个人的伦理行为，使其对做出的伦理决策和行为影响较大。科研伦理及其教育不可避免；其实在全球范围内的研究人员都应该接受这种基于共同内容的教育，制定统一的负责任研究行为标准（Steneck，2013）。（c）伦理准则是职业行为的最低标准，因此，个人的职业价值观将克服研究实践中的不正当行为。卡普罗（Capurro，2007）所倡导的以价值为导向的信息伦理便是一个典型的例子。这一导向有助于理解面临的挑战，进而增进沟通并获取与他人最佳的互动方式；

• 对于科研伦理的常规/传统理解，一般仍围绕人权问题、剽窃问题和数据完整性问题（伪造及篡改），但这并没有涵盖所有领域研究实践中存在的议题。尚未涉及的议题包括：学术研究的质量，署名，对新知识的贡献程度，对动物、环境、安全和治安的尊重程度，平等、健康和财富的促进作用，沟通方式的优劣，各类社会团体的参与方式，拨款条件的遵守情况，研究方法的认可度，研究设计的可信度。这些议题以及很多尚未涉及的议题大致描述了在研究过程不同阶段中科研伦理运用的复杂性。默里（Maree）和韦斯特赫伊曾（Van der Westhuizen）（2007，第41—42页）曾明确提醒过研究者，道德存在于研究过程的各个方面。坦纳（Tannor）等人从学科的角度也提出了类似的观点（2005），他们认为伦理是新闻工作的基础。负责任的报道是以证据和事实为根据的；因此，在研究课题的过程中，研究者也应该运用伦理原则和伦理价值。结论显而易见：伦理原则和伦理价值不是附加品。对于博士生的培养，现有的观点支持扩大对科研伦理范围的理解。伊瑟贝尔特（Ysebaert）在奥地利《标准报》上发表了一篇评论文章（2012），分析了比利时的大学在博士生培养方面所遇到的挑战，即获得博士学位的学生不一定都有机会成为全职学者。这种不利情况使学生处于绝望之中，而且大学的管理者正考虑减少博士的招生人数。这种情况是不理想的，尽管学生明白学术机会有限，但他们仍要进行科学研究，这是不合理的。同时，学术活动衰退也会破坏知识基础，任何科学系统都无法承受这一结果；

- 伦理往往与获得道德判断的情况息息相关。基于这种伦理理解，研究人员通常将伦理仅仅视作一种机械的过程，只是麻木地遵从或是在任务表上打钩。但伦理学则不仅仅是待完成的一项任务，因为不同决定会导致不同后果，基于某种情况的道德评价所做的决定也会产生一定的后果。这种反思可能会促使研究人员采取另一种行动。研究界存在一个思维定式：如果已经考虑了研究项目可能带来的伦理挑战，那研究过程就不会有伦理问题。对于一个研究项目来说，在研究课题过程中践行的精神与伦理认同同等重要。在这种情形下，伦理不只是对某种情况消极被动的看法或评论，它还要求研究人员采取行动。这个行动可以定义为负责任的行动。瓦伦坎普（Valenkamp，2007）就这个观点发表的评论比较恰当，他更赞同职业伦理的理论框架，认为形成伦理责任需要 11 个步骤。其中有两个特别重要的步骤。第 9 步：还有其他选择吗？这个研究成果真的有必要吗？第 11 步：研究过程顺利吗？研究成果真的有利于提高普通人/患者/客户等的生活质量吗？正是在这种情况下，他明确表示，这些挑战来自研究专家和客户的关系，以及职业标准的质量。（他提到了“节约型职业伦理”）

一项基于某些主要数据库，例如科学指引数据库（Science Direct，人文学科数据库）和施普林格全文数据库（Springer Link）的调查显示，不管之前所提及的观察结果怎样，没有人会质疑科研伦理和诚信的重要性。但是，研究规则也无法使研究人员拥有伦理，也是普遍的共识。此外，尽管学界普遍认同科研伦理规范应该涵盖多方面的问题，但研究人员很明显始终没有遵守这类规范。《研究管理学报》（*The Journal for Research Administration*）的一篇文章（2012）印证了此观点，文中探讨了科研伦理对社会的重要性。在编辑点评中，埃德·加布里埃（Ed Gabriele）认为伦理并非研究中的奢侈品。

那问题就来了：（a）需要提出什么样的伦理规则？（i）科研伦理和诚信的复杂性；（ii）情况的多变性；（iii）如何激励研究者增进对科研伦理和诚信的理解？（b）如何使研究人员意识到研究规则的意义和价值？

下一节我们将探讨当前的研究规则能为此类问题带来哪些价值。

道德规则面临的挑战

对研究环境而言，研究伦理规则并不是新鲜事物。在科学研究里，有三条规则和一条宣言具有重要的价值，那就是关于人体试验的《赫尔辛基宣言》[①]（1964）以及世界医学协会联合大会分别在东京（1975）和威尼斯（1983）制定的宣言修订版本。根据这些规则，我主要针对价值驱动研究的具体问题，要举一些当下伦理规则的例子，这些例子概述了研究过程的价值，并提倡研究人员和研究团队负责任的态度。在这里，我想要提及的是关于人类科研伦理操守方面的澳大利亚《关于人类研究中伦理行为的国家声明》（2007）、欧洲科学基金会就科研诚信所发布的《欧洲科研行为准则》（2010）、《科研诚信新加坡声明》（2010）以及加拿大就科研诚信问题所成立的专家小组（2010）。还有一个新增版本，便是《跨界合作研究中科研诚信蒙特利尔声明》[②]。这一声明以培养知识基础为目的促进合作，但也得承认，如果在资金、应用、出版、合作和沟通等方面没有规定责任，就不会有合作。

尽管这些规则仍然存在，但似乎并非所有研究者的科学行为都不值得怀疑。科研实践中有很多事例表明了错误的科研行为可能存在。例如，挪用公款、在治疗战争受害者时滥用科学技术，研究过程忽视人权，在治疗中骚扰学生及其工作，阻止他人检举揭发渎职行为等。尽管存在适当的法规和声明，但这些实例表明科研不当行为仍然存在。

有些人也会天真地认为，如果研究人员坚持遵守伦理规则所制定的指导方针，研究便不会成为不当行为的受害者。首先，这些规则是否涵盖了研究过程中伦理和诚信的各个方面，还是值得商榷的。总是会有一些灰色地带无法触及。其次，对于“正确行为”，道德并没有提供列表。这种理解将扼杀研究的创造性内容，使得研究最终只剩下必须要遵守的一系列规则。

根据以上论述，我们可以得出结论：（a）研究规则应反映良好的研究实践，以便引导研究人员认真对待研究；（b）研究人员需持续接受研究伦理的相关培训，以便了解自己所面临的挑战，并知道如何应对挑战；（c）研究需要有健全和负责任的环境，以便支持以价值为导向的研究。

---

① 《赫尔辛基宣言》全称《世界医学协会赫尔辛基宣言》，该宣言制定了涉及人体对象医学研究的道德准则，是一份包括以人作为受试对象的生物医学研究的伦理准则和限制条件，也是关于人体试验的第二个国际文件，比《纽伦堡法典》更加全面、具体和完善。——译注

② 《跨界合作研究中科研诚信蒙特利尔声明》在2013年5月5日至8日于蒙特利尔举行的第三届世界科研诚信大会中制定，系全球性的负责任研究行为指南。它不是一份管理性文件，也不代表资助或参加此次会议的国家或组织的官方政策。——译注

建立科研伦理规则的概念问题

文献证实，科研伦理就是对适当原则进行研究，以引导负责任的、受人尊重的研究，并确定和应用适当的价值来解决研究过程中出现的伦理挑战。科研伦理将会成为典型的跨学科概念，拥有各门科学学科都能应用的价值。研究伦理包括理论（以认识论为基础）、应用（通过理论框架、准则来进行研究）以及评价（所做决定产生的影响）。

在本章中，科研伦理是指与负责任研究行为相关的价值观和规范，但是没有任何科研伦理能够忽视诚信问题。科研诚信不仅与研究同行、研究资助者及公众对研究的信任有关，还涉及整个研究过程及结果。因此，那些对科研伦理和诚信有兴趣的研究者本身都是诚实可信的，他们的研究活动和实践也是毫无争议的（Holzbaur，2012，第 21—31 页）。

科研伦理规则中的核心价值观包括：

- 对人类、动物、环境和整个社会有责任心和爱心。具备这两点的研究人员关注的不再是自己的利益，而是人类和环境的利益。他们会对“他人”表示尊重，这表示双方能够在研究创作中和谐共存。遵守科研伦理意味着研究人员不会参与会对人类、动物、环境、社会利益造成危险或损害的任何阶段的研究项目，例如：彻底破坏人类可持续的生计，包括剥夺人们的尊严或挑战人们的粮食安全；
- 伦理不仅要求人们“行为端正”，还要捍卫责任心和爱心。既能保护大众利益，也能在大众利益无法得到保障时勇于反抗。在社会诚信处于险境时也敢于检举揭发，践行与研究相关的核心价值观。科研伦理则要求研究社群或社会作为研究项目的受益者，不会质疑研究项目及其结果。研究者满足自身的利益和需求而滥用研究资助，这并非授予资助的本意；
- 伦理应该促进社会的公正与平等。伦理不仅要提倡支撑社会公平的价值观，而且要了解可能会危害社会利益的复杂性。有两种主流意识形态可能对社会利益造成不利影响。第一种是以权力和控制为主导的文化。人的能力（技艺）可能产生一个以自我为中心的社会，生存其中的人只关心自己而不关心集体。这就会产生权力和控制主导的文化，其结果是所有的社会活动都是针对提高能力而不是赋予权利。第二种是消费驱动型社会。其特点是人们贪得无厌（做事不计后果）、剥削利用（只消耗不维护）、喜新厌旧（频繁更新换代）和自私自利（追求享乐而非自我发展和充实）。在此种科研伦理指导下，科研就会危害社会及其价值观，无法促进公正公平的社会价值观。化学武器和核武器、基因工程和基因操纵、药物依赖便是典型的例子；

- 伦理呼吁个人承诺、代表价值体系的理念、弥补人和文化之间的鸿沟。伦理要求个人承担责任，成为人与环境的守护者。这是一种重要的思维模式，反映了一种道德承诺：我关心他人，关心环境，不会做任何伤害他人的事情。不伤害他人是道德型社会的第一条准则。这里的伤害不仅指肢体暴力，还指自身行为对他人造成的间接危害。在这种科研伦理指导下，研究人员在任何情况下都不能危及他人的安全。一个典型的例子就是导师和学生之间的关系，“照我说的做”便是这一关系的特征。

上述对科研伦理和诚信的理解，说明了以下三点：

- 第一，没有研究可以忽视价值观和规范；
- 第二，研究必须是值得信赖的，包括研究过程、研究管理、研究对社会的影响；
- 第三，研究人员必须对他们的研究活动负责。

以下三条准则适用于所有类型的研究活动：不伤害并维持生态习性；促进可持续生计和环境；培养以知识为基础的研究核心。

可以从两方面来看待这些准则：了解社会的需求（不是欲望）和思考未来如何满足这些需求。这就得出一个合理的结论：人们可能会成为研究中不当行为的受害者，主要是因为他们可能无法理解科研伦理和诚信的含义。在这里特别要指出的是，科研伦理和诚信不是研究活动的附加品，而是研究过程不可分割的一部分。瓦伦坎普（2006）提出，柏拉图在《普罗塔戈拉》中描述的普罗米修斯神话，让我们认识到了发展技术这一任务，即不仅可以通过技术手段来增进人类福祉并提升道德水平，而且人可以轻易成为神。人类的傲慢（狂妄自大）能够轻易扭曲人在社会中的能力。瓦伦坎普指出，人的能力及其相应的责任应成为技术人员及其研究的技术最基本的职业道德。

正是因为这个原因，人们应经常考虑做某事的原因（动机）和对社会的作用（影响）。研究指出，人们在做决定时常常只用道德来判断对错，而不考虑所做决定可能造成的影响。有一种典型的科研管理理念认为，科研伦理不仅涉及输入指标、过程指标、结果指标和输出指标，还涉及影响指标。因此，科研伦理既是某种方法论及其应用的理解和识别，又是结果评估，评估研究如何改变、改善或挑战人类及其环境。

这种方法为科研伦理规范中的一条特殊论述提供了论据。研究提出了以下论述：研究人员的规范依据应得到认同。在这里需要强调的是，研究者是基于哪种道德价值体系提出论述的。在认同惯例的基础上，要完全了解情况。这有助于识别和运用相应的惯例。一旦开始依照惯例行事，评估结果及潜在后果至关重要。正是如此，研究者必须仔细考虑具体情况，调查清楚此类情况是否需要审查。如有新后果或潜在后果必须提出问题。根据不同的结果，可能需要确定一条新的惯例来应对新情况。

因此，研究人员、研究负责人和研究管理者的项目清单上，科研伦理和诚信是必不可少的一项。总而言之，科研伦理与每个人都息息相关。

基于上述对科研伦理和诚信的理解及其在研究过程中不可分割地位的论证，我们能更好地理解研究规范的挑战和不足。这就表明，研究规范无法促进研究过程中的完整价值观体系，或者没有充分理解这些价值观，或者两者皆有。下一节将探讨如何应对这些挑战。

科研伦理管理及其规范

在研究过程中，因为没有考虑科研伦理和规范的基础，相关报道都揭示了许多科研不端行为及其对科学界产生的不良影响（编者按，Nath & Winnacker 2012；《柳叶刀》，2012）。虽然学界对科研伦理和诚信的重要性存在普遍认识，但观察结果显示，不是所有的研究活动都充分考虑这些理念。还有另一个发现，学界存在一个主要观点，即科研伦理只需通过主观判断或价值判断，之后的研究过程就不再需要考虑道德问题。因此，科研伦理被视为研究过程中的一个步骤，而不是始终贯穿于研究过程之中。这是不是研究人员没有履行他们作为研究工作者的道德问题呢？还有一个问题是，除了对研究人员进行有关科研伦理和诚信的教育，科研伦理和诚信的应用是否也无须管理？但是，科研伦理和诚信可以管理吗？需要增加什么价值观以支撑研究中的道德标准？传统观点认为，一个以价值为导向的研究集体和文化，可以加以引导、指挥和培养，但无法管理。

“管理”科研伦理和诚信，这一提议听起来很矛盾。但是，利用管理价值链可以获取重要的经验教训，借以促进科研伦理和诚信。管理链通常指为完成一个确定的目标而进行资源管理（人员、资金和物质资源）的过程。这一过程大致可以分为五步：输入（支持活动的资源）、过程（推出活动的经过）、结果（通过活动实现的）、产出（可衡量的结果）和影响（研究中能够创造价值的进步、改变、声誉和政策）。

提出这项提议，不是为了将科研伦理和诚信限制到管理过程当中，而是为了能在研究过程中利用这种系统推行科研伦理和诚信。在这一模式中，科研伦理和诚信对研究过程的各个阶段都有意义。

总结

本章提出，虽然科研伦理规范可以涵盖一系列以价值为导向的研究活动，但无法保证研究项目及其结果不受质疑。因此，我们面临的挑战是继续扩大对科研伦理规范的理解（知识基础的扩展），对研究人员进行科研伦理规范领域知识基础和应用的教育，管理研究价值链中科研伦理规范的整合和应用。

参考文献

Capurro, R. (2007). Information ethics for and from Africa. In *Africa Reader on Information Ethics*, R. Capurro, J. J. Britz, T. J. D. Bothma *et al.* (eds.), 10 – 14. University of Pretoria, South Africa: Department of Information Science.

Editorial (2012). *The Lancet*, 380 (9852), 1445 (October 27, 2012). Available at www. thelancet. com. (accessed on 27 October 2012).

Gabriele, E. (2012). From the editor's desk. *Journal of Research Administration*, XLIII (1), 11 – 13.

Holzbaur, U., L. O. K. Lategan, K. Dayson *et al.* (2012). *Seven Imperatives for Success in Research.* Bloemfontein: Sun Media.

InterAcademy Council (2012). *Responsible Conduct in the Global Research Enterprise: A Policy Report.* Amsterdam: InterAcademy Council, IAP-the global network of science academies.

Lategan, L. O. K. (2010). Raamwerk vir intellektuele vakmanskap-n filosofiese beoordeling. Tydskrif vir Christelike Wetenskap. *Journal for Christian Scholarship*, 46 (3 4), 143 – 156.

Lategan, L. O. K. (2011). Research ethics and integrity: What should be on the agenda? *Journal for Christian Scholarship*, 47 (2), 71 – 89.

Lategan, L. O. K. (2012a). The importance of research ethics and integrity for researchers, research managers and research administrators. In *Sarima*: *Celebrating* 10 *years of growth*, 74 – 75. Pretoria.

Lategan, L. O. K. (2012b). The building of a responsible research community: The role of ethics. *Journal of Research Administration*, XLIII(1), 85 – 97.

Maree, K. and C. van der Westhuizen (2007). Planning a research proposal. In *First Steps in Research*, K. Maree (ed.), 24 – 25. Pretoria: Van Schaik Publishers.

Nath, I. and E. Winnacker (2012). Science editorial: Responsible research conduct. *Science*, 338, 863. Also available at www. sciencemag. org (accessed on 16 November 2012).

Steneck, N. (2013). Global research integrity training. *Science*, 340, 552 – 553.

Trafford, V. and S. Leshem (2008). *Stepping Stones to Achieving Your Doctorate*. Berkshire: Open University Press.

Tanner, S., G. Philip, C. Smyth *et al.* (2005). *Journalism Ethics at Work*. Frenchs Forest NSW: Pearson Education Australia.

Valenkamp, M. (2006). Technology asks for ethics. Thoughts about professional ethics for technicians in a world of modern technological innovations. Public lecture presented at the Central University of Technology, Free State.

Ysebaert, T. (2012). Doctoraten pieken (15 – 16 September 2013). *De Standaard*, 5, 32.

（谢宇菲　吴　蕾　译）

• 第 22 章　期刊、研究机构和赞助人在处理科研和出版诚信案件中的合作：明确挑战

伊丽莎白·薇吉尔　萨宾·克莱纳特①

国际出版伦理委员会于 2012 年 3 月出版了研究机构和期刊在处理科研诚信案件时双方合作的指导准则。这一准则是委员会成员与大学中从事诚信研究的人员广泛讨论的成果（Wager & Kleinert，2012）。该准则列出了合作的总体原则，但并未给出解决研究和出版诚信具体问题的详细流程或最佳方法。

第三届世界科研诚信大会提供了一个契机，与会者可以在三场专题讨论中审核、讨论国际出版伦理委员会提出的准则。全世界来自研究机构和学术期刊的 50 多名代表参加了这三场讨论，一起参加讨论的还有赞助人和其他关注科研诚信的人士。会议重点展示、讨论了以下内容：对各参与方作用的有效说明以及对特定情况下可采取的最佳方案的合理建议。完善这些指导准则需要进一步讨论和磋商。本章旨在为将来的讨论建立框架，这一框架是在蒙特利尔提出的研究机构、研究赞助人和期刊三者合作的内容上建立的。

国际出版伦理委员会准则提出的背景

对于科研和出版诚信问题，尤其是在应对科研不端行为和错误的怀疑及验证可能影响结果可靠性的时候，研究机构和学术期刊承担着不同的重要责任。

---

① 伊丽莎白·薇吉尔（Elizabeth Wager），英国里斯伯勒王子城侧视咨询公司（Sideview）；萨宾·克莱纳特（Sabine Kleinert），英国伦敦《柳叶刀》。——译注

研究机构雇用研究人员，就必须负责调查疑似科研不端行为并对研究人员进行教育和约束。相反，期刊编辑和出版社无须调查疑似科研不端行为，但有责任确保出版内容真实可靠，不会误导读者。因此，当人们开始关注科研和出版诚信时，研究机构的主要任务是确定是否已发生科研不端行为，并防止今后出现类似问题；而期刊的主要职责是决定研究内容是否能出版、是否需要修订以及从已出版记录中撤稿。

期刊和机构之间的沟通与合作必不可少，原因有以下几点：

1. 科研和出版诚信问题往往直到论文提交给期刊或在刊物上发表时才出现；

2. 需告知期刊其出版内容存在问题（无论该问题是科研行为不端还是其他原因所致），使期刊能够修正或撤销出版的论文；

3. 期刊没有法律地位、资源，也无法获得证据、找到证人，所以无法调查疑似科研不端行为或对其采取制裁措施；

4. 机构需要了解期刊发现的问题及调查结果，以便检测或预防潜在问题。

因此，国际出版伦理委员会决定，制定期刊和研究机构合作的指导准则以应对二者合作明显不足的情况。在国际出版伦理委员会每季度一次的论坛上，期刊成员会带来案例进行讨论，而国际出版伦理委员会则会对此提出建议。多年来，很多案例都重点提到了期刊联络研究机构时遇到的困难（Wager，2011）。国际出版伦理委员会也注意到，有案例表明，当研究机构告知期刊其出版内容中存在确定的科研不端行为时，期刊的做法常常不太妥当（Sox & Rennie，2006；Elia 等，2014）。

国际出版伦理委员会展现的案例和证据多来自广为人知的科研不端行为的案例，但这并不能说明科研不端行为发生的频率，也没有记录研究机构和期刊的合作次数。不过，这些案例表明，这样的问题无疑时有发生，并可能给研究机构和期刊造成困难。双方缺乏合作可能导致科研不端行为未被调查，从而难以发现这种行为，也可能导致欺诈、不可靠或错误的研究结果仍存留在刊物中，误导读者。在蒙特利尔会议上的讨论，有助于确定期刊和研究机构不知如何应对的情况，并解释了双方无法充分合作的原因。

下文将列出蒙特利尔会议上提出的主要问题，包括尚有争论的内容以及会议上提过的有用的案例，无须解释的内容在此不加赘述。

I．当编辑对科研和出版诚信存有疑问时

1. 通知作者所在研究机构之前，期刊应搜集多少材料，搜集什么样的材料？

进行进一步调查前，期刊是否应公开审稿人的意见？即结果“完美得不像真的”。

期刊是否可以要求作者提供原始数据？如果可以，他们应如何使用原始数据？

不同类型的研究是否需要采取不同做法？（例如，期刊可以要求提供实验的原始数据，但无法检查大型数据集；作者也不可能公开保密信息，如个人临床细节或访谈记录。）

期刊检查原始数据后，某个机构再次检查案例和数据，是否会导致一些问题？（例如，是否有效利用了专业知识和资源；如果期刊和机构得出了不同的结论，该采取何种措施？）

2. 期刊应与机构共享多少涉嫌科研不端行为的案例信息？

如果期刊已找到作者的原始数据并对此进行了评估，是否应与作者所在研究机构分享分析结果？在何种情况下期刊不应和作者所在机构共享此类评估？

期刊是否应将第三方所有指控交给作者所在机构（无论期刊是否认为指控理由充分）？

3. 筛查中（例如，使用文本匹配软件或图像处理筛查）出现了科研或出版诚信问题时，编辑应如何应对？

出版前，期刊是否需要有不同方法应对自身筛查过程中出现的问题？出版后，期刊是否需要有不同方法应对从外部资源中发现的问题？

期刊是否应为文本匹配程度设置阈值？若超过阈值，期刊应做进一步调查，还是就涉嫌抄袭及文章冗余联系作者所在机构？

期刊是否应与作者所在机构分享文本匹配方案和数字图像筛查的报告？

4. 编辑应如何回应提交了不明问题或未经证实问题的审稿人？（例如，结果“完美得不像真的”。）

是否应向作者所在机构报告所有问题？

作者是否应有解释机会，即使这可能让他们能够销毁伪造或篡改数据的证据？

在将意见告知作者所在机构之前，是否应征得审稿人的同意，即使他们是匿名发表意见的？

期刊在联络作者所在机构之前，他们有多长时间可以证实或反驳审稿人的意见？

5. 期刊如何回应匿名评审？

对于审稿人、实名读者和匿名评审提出的意见，期刊是否应有不同的程序应对？

期刊如何处理大量来源单一的意见？

面对需要耗费大量精力去调查的诸多问题，期刊只考虑更严重的问题（例如只考虑数据伪造而非重复发表）是否合理？

有些论文（其作者可能难以联系或无法联系，或基础数据可能已不适用）已发表多年，对此，期刊是否应仅考虑特定时限内的文章问题？如果可以，时限应多长？

期刊应要求评审提供多少材料，从而证实他们的疑虑理由充分，需要采取进一步的行动（例如联系作者所在机构）？

6. 期刊应如何应对社交媒体中出现的对科研不端行为的指控？

博客、网站和推特上的讨论可能会对科研不端行为提出疑问——期刊是否应积极地关注此类疑问并考虑将其作为支撑材料？

社交媒体的“讨论”可能会批评期刊（或期刊不作为）——编辑是否应回应这些批评，为自己的行为进行辩护或纠正，还是忽视此类批评？或者如果此类批评是诽谤，编辑是否应让对方删除内容？

7. 面对由于个人恩怨而刻意抹黑研究者的行为，期刊应如何应对？

如果是因为个人恩怨，或是为了诋毁个人或组织向期刊提出了质疑，那么期刊是否应采取与回应公正的质疑不同的方式，回应此类质疑？是否应根据不同的标准通知作者所在机构？

8. 期刊是否应总是要求作者做出解释？

国际出版伦理委员会的流程图和行为准则建议，不论是何种疑似不端行为，编辑都应联系其作者，让作者解释明显存在的问题和不符之处。尽管通知作者符合公平公正的理念，但一旦联系作者，很可能会使其警觉，让他们在所在机构正式调查之前有时间销毁证据。是否会出现特定类型的证据或情况，让期刊不应联系作者而应直接联系他们的机构（或研究赞助人），或应同时联系作者和机构（或研究赞助人）？

9. 期刊应该在哪个阶段联系作者所在机构？

10. 期刊应怎样联系作者所在机构？

谁是作者所在机构里的最佳联络方（例如系主任、院长、诚信研究干事、伦理部门干事）？期刊应如何确认此人或此部门？

最佳联系方式是什么（电子邮件、平邮、邮局挂号信、电话）?

11. 用非正式的方式联络作者所在机构而不是通过正式的投诉是否可行或有用?

由于担心进行无根据或不合理的调查，或想让作者所在机构做出解释，编辑可能寻求与机构进行“私下”的谈话而非进行正式投诉。这可行吗? 在何种情况下可行?

12. 期刊应如何处理涉及数个机构的投诉?

13. 如果作者所在机构不回应，期刊该怎么做?

14. 如果作者所在机构的回复不尽人意，期刊该怎么做?

例如，期刊向作者所在机构提出了一个潜在的、复杂而严重的问题，几天后，尽管研究机构尚未有足够的时间进行初步调查，仍向期刊保证“没有任何问题”。

如果期刊认为有明确证据证明不端行为，但机构对此持反对意见，期刊应怎么做?

如果机构拒绝调查证据确凿的不端行为，期刊该怎么做?

15. 谁应负责调查审稿专家的疑似科研不端行为?

在什么情况下作者所在机构应警惕审稿专家的疑似科研不端行为?

期刊应如何处理不隶属任何研究机构的审稿专家（例如已退休）的疑似科研不端行为?

研究机构的政策是否应将审稿人的科研不端行为作为科研不端行为的一部分? 期刊是否应调查此类指控?

16. 由于科研或出版诚信问题，期刊拒绝发表论文，他们有责任对此进行跟踪，查看文章是否发表在其他期刊上吗?

例如，期刊由于担忧研究报告违背伦理（例如患者在不知情的情况下被写入报告）而拒绝将其发表，作者可以修改报告，删除或掩盖引起质疑的细节，然后在作者所在机构调查前提交给另一家期刊。

Ⅱ. 当机构收到科研或出版诚信的问题或证据时

1. 机构如何应对期刊提出有关科研或出版诚信的问题或疑虑?

国际出版伦理委员会的准则已经制定了总体原则，是否需要更详细的原则? 为确保人们遵循指导原则，需要做什么?

机构需从期刊获得哪些信息（包括以何种形式获得）来评估问题，且在必要时展开调查?

机构是否应与期刊进行非正式或“私下”的交流？所有问题是否都需正式申诉或正式评估？

2. 机构如何回应匿名评审？

对于实名评审和匿名评审提出的意见，机构是否应有不同的程序来应对？如果机构不予受理匿名（或化名）评审的意见（因为机构的制度要求，调查中实名意见要发挥重要作用），那么在期刊指出是匿名评审提出的问题时，机构应如何回应？

机构如何处理大量来源单一的意见？

面对需要耗费大量精力去调查的诸多问题，机构只考虑更严重的问题（例如只考虑数据伪造而非重复发表）是否合理？这对提出质疑的期刊会造成怎样的影响？

3. 对于很久以前发表的研究，机构该如何回应对该研究的指控？

在一些案例中，作者可能不再任职于该机构，甚至已经去世，机构可能无法获得基础数据。

4. 机构应如何应对社交媒体中出现的对科研不端行为的指控？

博客、网站和推特上的讨论可能会对科研不端行为提出质疑——机构是否应积极地关注此类质疑并考虑将其作为支撑材料？

Ⅲ. 机构调查疑似不端行为

1. 机构可以从期刊处得到哪些关于疑似科研不端行为的信息？

大多数期刊认为，专家的审稿过程应当保密，因此期刊可能会有不得与机构共享的材料，如提交的文章和审稿专家的报告——这些是否应该共享？期刊是否应向机构披露审稿专家的身份？

期刊在联络机构要求调查之前，需要搜集多少证据？在（i）初次接触，（ii）一再要求时，期刊应提供给机构多少信息？

在调查中，（如果需要），期刊应扮演何种角色？

2. 在调查进行时，机构应与期刊分享哪些信息？

调查疑似科研不端行为通常被视作机密，但期刊可能想知道调查是否已开始以及需要多长时间。

3. 在调查的哪个阶段，机构应与期刊共享信息或告知情况？

4. 在调查有定论之前，期刊是否应公开疑点解释？

国际出版伦理委员会制定的撤销准则建议，如果“一段时间内无法得出最终结论”，期刊应考虑公开疑点解释，但此类解释可能被视为不道德行为的依据，而且违反了调查的保密原则，或者鼓励了“媒体审判”。一旦公开对研究者的质疑，即使研究者最终没有科研不端行为，疑点解释也被撤回，但质疑可能仍难消除。

换句话说，期刊有责任告知读者研究结果未必可靠，一旦应用研究结果，可能会出现问题。

如果期刊正考虑公开疑点解释，是否应告知机构？

5. 在调查完成时，机构可以或应该与期刊共享哪些信息？

纪律听证会可能有就业法保护，因此机构可能无法与期刊共享细节。然而，期刊可要求获取相关信息，以确保纠正或撤销不可靠的文章，并确保撤销声明内容明确，区分了真正的错误和科研不端行为。

即使证明了研究人员没有故意的科研不端行为或达到了机构标准，期刊仍可认为其研究不可靠，因而将其校正或撤回——在尚未证实科研不端行为时，研究机构应与期刊共享多少信息？

在被调查作品已出版时，无论调查结果如何，机构是否应将所有科研不端行为的报告发给期刊？

6. 为履行职责（例如，撤销论文、发布内容明确的撤销声明），期刊需要机构提供多少信息？

期刊需要机构保证调查彻底、过程公平，并且告知结果。

7. 机构是否应公开调查科研不端行为的最终报告？

机构可能认为此类报告必须保密，或担心报告公开会导致名誉受损。但如果不公开报告，期刊可能难以妥善修改文章（即通过发布撤销声明，明确区分真正的错误和科研不端行为），担忧作者会采取法律行动。

8. 在修改文章时，机构应发挥何种作用？

调查结束后，是否仅让作者自己修改或撤销文章？或者机构应监管此事，甚至发挥更积极的作用？

Ⅳ. 赞助人和其他机构的作用

1. 出现疑似科研不端行为的情况时，赞助人应起什么作用？

2. 在什么情况下，期刊应就疑似科研不端行为联系赞助人？

3. 在什么情况下，机构应就疑似科研不端行为联系赞助人？

4. 在什么情况下，期刊和机构应就疑似科研不端行为联系其他机构？（例如专业机构、国家诚信研究机构、监管机构。）

V. 期刊、机构和赞助人如何预防和检测科研不端行为及错误?

1. 谁应负责科研数据的归档?

除非能够重新计算、统计分析原始数据，检测伪造行为或能够检查原始图像，检测操作，否则很难调查已出版内容中的问题。当期刊或机构接洽作者时，作者有时会表示数据已不再可用。机构或赞助人（一般为数据的合法拥有者）是否应承担数据归档（和/或发布）的责任，使数据能协助调查?

期刊是否应为了出版而要求适当进行数据归档（机构数据库或公共数据库）和/或数据共享？如果可以，需要什么样的保障机制?

期刊是否应存储信息（例如评审报告、被回绝的初稿、电子邮件）？这些可能是科研不端行为的有力证据，可供机构参考。

2. 期刊给作者的说明应包括哪些与科研和出版诚信以及科研不端行为相关的内容?

不知者无罪，所以期刊公开一些具体要求可能更为有利。这些要求包括期刊如何处理疑似科研不端行为，会在何时因科研不端行为联系作者所在机构。在作者声明他们了解这些要求后，期刊和机构会更容易展开调查。

3. 机构的政策应包括哪些与科研和出版诚信以及科研不端行为相关的内容?

4. 赞助人的要求（和出资条件）应包括哪些与科研和出版诚信以及科研不端行为相关的内容?

后续步骤

我们希望这个框架可以作为研究机构、赞助人和期刊之间进行深度讨论以及广泛国际协商的基础，能够回答前面提出的问题。同时希望这一框架能够推动国际出版伦理委员会指导准则的发展，解决挑战性问题。

参考文献

Elia, N., M. Tramèr and E. Wager (2014). Fate of articles that warranted retraction due to ethical concerns: A descriptive cross-sectional study. *PLoS ONE*, 9, e85846.

Sox, H. C. and D. Rennie (2006). Research misconduct, retraction, and cleansing the medical literature: Lessons from the Poehlman case. *Annals of Internal Medicine*, 144, 609 - 613.

Wager, E. (2011). Coping with misconduct. *BMJ*, 343, d6586.

Wager, E. and S. Kleinert on behalf of COPE Council (2012). Cooperation between Research Institutions and Journals on Research Integrity Cases: Guidance from the Committee on Publication Ethics (COPE). Available at www. publicationethics. org (accessed on 22 October 2014).

延伸阅读

COPE (www. publicationethics. org)

- Wager, E., V. Barbour, S. Yentis *et al.* on behalf of COPE Council. Committee on Publication Ethics Retraction Guidelines. September 2009. Available at http://publicationethics. org/files/retractionguidelines. pdf(accessed on 22 October 2014).

Council of Science Editors (CSE) (www. councilscienceeditors. org)

- CSE White Paper on Promoting Integrity in Scientific Journal Publications. March 2012. Available at http://www. councilscienceeditors. org/resource-library/editorial-policies/white-paper-on-publication-ethics/(accessed on 22 October 2014).

- European Science Foundation (ESF) (www. esf. org) ESF/ALLEA. The European Code of Conduct for Research Integrity. March 2011. Available at http://www. esf. org/fileadmin/Public_documents/Publications/Code_Conduct_ResearchIntegrity. pdf(accessed on 22 October 2014).

Office of Research Integrity (ORI) (http://ori. dhhs. gov)

- Office of Research Integrity. Managing Allegations of Scientific Misconduct. A Guidance Document for Editors. Available at January 2000. http://ori. dhhs. gov/images/ddblock/masm_2000. pdf (accessed on 22 October 2014).

- Office of Research Integrity. ORI Model Policy for Responding to Allegations of Scientific Misconduct. February 1997. Available at http://ori. dhhs. gov/images/ddblock/model_policy_responding_allegations. pdf(accessed on 22 October 2014).

World Association of Medical Editors (WAME) (www. wame. org)

- WAME. Publication Ethics Policies for Medical Journals. Available at http://www. wame. org/about/recommendations-on-publication-ethics policies (accessed on 22 October 2014).

World Conferences on Research Integrity (www. researchintegrity. org)

- Wager, E. and S. Kleinert (2010). Responsible research publication: international standards for authors. A position statement developed at the second World Conference on Research Integrity, Singapore. In *Promoting Research Integrity in a Global Environment*, T. Mayer and N. Steneck (eds.). Singapore: World Scientific Publishing Co., 2011. Available at http://publicationethics.org/international-standards-editors-and-authors (accessed on 22 October 2014).
- Kleinert, S. and E. Wager (2010). Responsible research publication: international standards for editors. A position statement developed at the Second World Conference on Research Integrity, Singapore. In *Promoting Research Integrity in a Global Environment*, T. Mayer and N. Steneck (eds.). Singapore: World Scientific Publishing Co., 2011. Available at http://publicationethics.org/international-standards-editors-and-authors (accessed on 22 October 2014).

（许　多　徐雨婷　译）

• 第 23 章　不吹口哨而吹响双簧管：拯救科研不端行为的创新思考

琼·塞伯①

有关科学中的（不）道德行为的研究发展很快。我们知道，违背伦理的科研不端行为②不仅仅是一些缺乏良知的研究人员所作所为，实际上也存在于每一位科研人员的日常研究行为之中，或蓄意为之，或不经意为之。多数科研工作者都声称见证过同事参与科研不端行为（Titus 等，2008；Keith-Spiegel & Koocher，2010）。

我们对此做了什么？我们将不道德行为分类，制定规则来约束自身“不要做这个，不要做那个”。当然，这些规则似乎很明显是为他人而设，因为我们自身会遵守道德，不是吗？我们有自己的规则可循，例如说：“如果发现了科研不端行为，不要犹豫，举报它。”之后我们会意识到依照这样的建议行事，可能会毁了我们的事业，并且肇事者也有可能逍遥法外。

许多人观察到，对于认为无视科研规则是有利的人来说，科研负责任行为的课程对他们起不了阻止作用。人们提出要把明智且负责的指导作为最佳选择来抵制科研工作者的科研不端行为，有效地教导他人如何以犯错误的同事为耻，再到形成负责任科研行为（例如：Kornfeld，2013；Godecharle 等，2013）。所谓明智且负责的指导包含哪些要素呢？近日，有人针对见证过科研不端行为的科研工作者做了一项调查，该调查提出了一些解决方法，参见以下内容。

---

① 琼·塞伯（Joan E. Sieber），美国《人类科研伦理的实证研究》期刊（*Journal of Empirical Research on Human Research Ethics*）。——译注

② 科研不端行为是指伪造、篡改、剽窃，但是也有一些其他形式的危害科学研究的科研不端行为，包括破坏他人研究成果、报道支持他人预测结果的发现、招聘研究员时走捷径导致不合适的人员被招聘进来，也涉及其他形式粗心的研究实践，还包括违反人类研究准则、挪用研究资金等。

吹响双簧管

我采访了来自美国国立卫生研究院（National Institute of Health，NIH）的135 名学术带头人，他们都曾见证过科研不端行为（Sieber，2012）。这些人都很高兴接受采访，因为他们希望解决这一问题却一直无能为力。他们也曾思考过自己是否忽略了一套解决方案。很明显他们并没有，原因如下：

- 低层次的人（例如教职工、学生、博士后以及非终身制的教师、教授）通常会责备比他们优越的人的劣迹，由于科研不端行为的公开，这只会让那些有科研不端行为的人的境遇变得更糟；
- 很明显，管理者们也无法有效地处理科研不端行为；
- 帮助人们检测不道德行为的案例教科书也没有给出令人满意的解决方案。

然而，还是有些人找到了高明的解决方案。为了有效遏制科研不端行为，我建议我们要提出不同的问题，站在新角度寻找解决方法。我们应该寻求科研不端行为见证者尝试过的且被证实有效的方法。这些人能做到的，你也能。我发现这些人吹奏的是双簧管，而不是口哨。双簧管有力，但很安静。吹奏双簧管是“不引人注意”的回应，若非靠得很近，人们不会注意到。以下是相关案例：

- 一群研究生在编辑一本权威刊物时，收到了一名其他研究生院的研究生写得有趣但很幼稚的论文。文中她深情款款地感谢了自己的导师。后来，他们又收到了同一篇论文，是润色过后的版本，署名是这名研究生的导师。他们绞尽脑汁思考该如何回应，因为他们既不想把此事告诉那个学生，也不想告诉她导师，怕伤害该学生。这群研究生每天都见面讨论，看能否想出办法解决这一棘手问题。后来，他们咨询了自己的学术导师，导师简单明了地指出：他们没有理由指责那位老师。熬过数个不眠夜后，他们想出了一个吹奏双簧管的办法：把两份论文都回寄给那位导师，感谢他来稿，并且说他们打算把两篇论文并列刊登出来。该导师撤回了论文；
- 一名学生上交了一份“她本人收集的数据”，该数据与曲线图完美符合，所有原始数据字迹都一致。一位教授做了一场关于“响应方差”的讲座，他用了该组篡改数据，来阐明人们怎样分辨数据真假。该学生脸红了，私下里道了歉，问老师是否能再给自己一次机会去收集有效数据重新上交。老师同意了她的请求；

- 高级研究者会反复研究、挑选数据支持他们的基本假设。中级研究者，对此无能为力，只能为学术研讨会赞助食物和酒水，负责邀请提出其他观点的相关领域的同仁，这些人不会被视作竞争者，也不会引起戒备之心。实验室最终开始向新的方向发展，且取得成就；
- 一项重大研究计划的合作者提供了初步数据，并承认会对数据进行了加工处理。他的搭档非常了解他们部门的政治性，并且清楚提出指控会招来灾难。搭档没有提出指控，只是把它当作馊主意否决了，因为他们无法在获批后复制数据。合作意向就这么泡汤了；
- 一位依赖实验室老板获得推荐的博士后，有人给了他一组数据，他分析后发现数据系明显篡改。虽然他知道证据确凿，但他和自己的博士导师以及其他人商量后决定另谋他职，他编造了一个理由，离开了实验室。

讲故事的价值

我一直在讲故事，可能你也不会完全记住。但如果你能有效地包装一下这些故事，人们会记住并在需要的时候运用这些观点。故事，或是合理的故事改编，都能在学生及其导师中成为指导和讲故事的工具。许多人认为，尽管负责任研究行为课程和规章制度为诚信的科研工作者提供了重要的标准，但与制定一系列规章制度或是开设负责任研究行为课程相比，参与模式的指导更能塑造伦理行为（Godecharle 等，2013；Kornfield，2013）。讲故事对于道德社会化来说是个有力的工具，每一位牧师、神父、长老以及其他宗教领导人都深谙这一道理。除此之外，蕴含重要意义的故事还能塑造我们的人格。

还记得这个故事吗？一些研究生，为了解决问题经历了数个不眠夜之后，终于想出办法解决了“资深教授明显抄袭自己学生论文”一事。你能复述出该故事的合理改编吗？也许你可以做到，因为这是被有效包装过的故事。自从人类发明了语言开始，他们就一直在讲故事。我们被迫讲故事、听故事、记住故事，并且把故事作为传播文化的方法。

人们从好故事中学习。你可以学着编好故事，讲好故事。肯德尔·黑文（Kendall Haven）是名物理学家，他认为科学家都不擅长讲故事，他们不知道如何让学生以及公众对科学产生兴趣。肯德尔·黑文现在已经成为专业讲故事的人，写了许多关于科学和数学的优秀故事书。他曾研究过“好故事包括哪些要素”，研究结果发表在《故事可以证明：故事惊人力量背后的科学》一文中（Haven & Ducey，2006）。

以下是有力量的故事所具备的特征：

1. 故事中的人物做事都是有目标、有原因的。那些研究生的追求是什么？
2. 人物会遇到阻碍。阻碍是什么？
3. 他们与困难的斗争越激烈，故事就越曲折、越令人难忘。
4. 对听众来说，关键细节使故事显得真实生动，听众因此能够预见接下来将发生的事。
5. 人物解决了问题，故事就结束了。我们会记得他们是怎样解决问题的。
6. 故事要足够发人深省，这样我们才能记住，才能向他人复述。

那我们从何处着手？

1. 在处理科研不端行为时，找出重要问题。
2. 找出安静而有效的解决办法——隐蔽的双簧管。
3. 将故事包装为便于记忆的故事集。

负责任研究行为中的一些重要问题是什么？

这一问题的解决方法有哪些？一般来看，肇事者都很在乎面子，以至于他们不会“全盘招供”，但可以在多方面受启发从而得到“改进”，就如前文引述的例子一样。改进的策略有哪些呢？我们是否可以期待完全改变一个人的性格？（答：可能性很大。）会有什么好结果？

多久才能找到一个创新的解决办法？我们需要找到一些案例来获知要付出多大的精力、投入多长的时间才能找到有效的方法。试图遏制科研不端行为的人所面临的问题之一，是他们没有意识到要遏制这种行为需要时间、创新以及同他人合作，才可以想出创新的解决办法。

哪些愚蠢的规定才会造成藐视法律的行为？我们要分辨出一些情况下的无厘头规定，并且要去调查科研工作者是怎样让当权者知道实施这些规定可能是错的。关于由不合理规定或概括为错误语境的合理规定造成的“正常科研不端行为”的形式，德弗瑞斯等（2006）对此做出了界定。

人们是怎么面对科研不端的同事的？许多普通人对科研不端的同事都很无语。如果我们知道如何开始谈话，跟他们谈些什么，事情就会变得大为不同。冈萨勒斯（C. K. Gunsalus）是知道如何开始这类谈话的典型专家，她在《高校管理人员生存指南》（*The College Administrator's Survival Guide*）一书中解释了如何开始以及如何不要开始的问题。了解如何开始谈话的原则太广泛了，此处无法概括说明。去读冈萨勒斯的书吧！

如何改革会造成科研不端行为的机构文化？一些机构的要求太严厉，以至于人们都觉得只有靠作弊才能生存。可以找一些文化工作做得不错的机构，将其做法改编成故事。

目前，我们有一个研究以及撰写故事的日程表。借助这些工具，我们可以创造出引人入胜的环境，指导以后的科研工作者和专家规范其行为。有感染力的导师同时也是有感染力的故事讲述者。想想导师曾给你讲的难忘的故事。

撰写及发表“如何有效遏制科研不端行为”的故事吧，在下次的负责任研究行为会议上讲讲你的故事。你也可以找你所在学科领域可能刊登你的故事的期刊。如果找不到，作为《人类科研伦理的实证研究》的编辑，我会帮你发表的，大家可以发邮件至我的邮箱 joan. sieber@ sbcglobal. net。

参考文献

DeVries, R., M. Anderson and B. Martinson (2006). Normal misbehaviour: Scientists talk about the ethics of research. *Journal of Empirical Research on Human Research Ethics*, 7(5), 3 - 14.

Godecharle, S., B. Nemery and K. Dierickx (2013). Integrity training: Conflicting Practices. *Science*, 340 (June 21), 1403.

Gunsalus, C. K. (2006). *The College Administrator's Survival Guide*. Cambridge: Harvard University Press.

Haven, K. and M. Ducey (2006). *Crash Course in Storytelling*. Westport, CT: Libraries Unlimited (Greenwood Publishing Group).

Keith-Spiegel, P. and G. Koocher (2010). Peers nip misconduct in the bud. *Nature*, 466, 438 - 440.

Kornfeld, D. S. (2013). Integrity training: Misconduct's source. *Science*, 340 (June 21), 1403 - 1404.

Sieber, J. E. (2012). Witnesses to research wrongdoing. *Journal of Empirical Research on Human Research Ethics*, 7(5), 3 - 14.

Titus, S., J. Wells and L. Rhoades (2008). Repairing research integrity. *Nature*, 453, 980 - 982.

（杨晴晴　译）

• 第 24 章　俄罗斯医生如何理解科研伦理问题

莱拉 · 阿克马蒂娃　古尔娜拉 · 瑞诺娃　鲍里斯 · 威丝曼①

俄罗斯的医生和医科学生只是最近才开始研究伦理问题。十年前，“医学伦理”就被设置为他们的课程。在此之前，所有的伦理问题都在哲学课上讨论。但诚信问题在准医生教学中依然不被重视。

阿克马蒂法（L. Akhmadeeva）是本章作者之一，毕业于美国联合研究生院（Union Graduate College）科研伦理高级资格证书项目。毕业后为了更多地了解俄罗斯关于“医学伦理”的情况，她针对不同年龄的医生和医科学生设计了一份简短问卷，用以了解他们对于科研伦理和科研诚信中的一些问题的理解。

我们在俄罗斯的城市乌法针对不同专业的医生和医科学生做了一项匿名问卷调查。本次问卷调查共计 426 名志愿者参加，其中包括 204 名医生和 222 名医科学生。

研究活动很早就在俄罗斯的医学院展开。在我们的调查对象中，52% 的医科学生已经开始了专业生涯中的研究工作。每个学生都在不同时间作为研究助理参加过研究项目，有时候是作为一项课外活动。学生常常合著论文并且在会议上展示他们的研究数据。医生也积极参加研究活动，但是或许没有全力以赴：69% 的被调查对象曾经活跃于学术研究领域。遗憾的是，被调查对象发表论文的平均数量较少：医生平均 7.1 篇，医科学生平均 0.4 篇。事实上，调查对象中有 249 人（58%）从未发表过论文。大多数的俄罗斯的医生和医科学

① 莱拉 · 阿克马蒂娃（Leyla Akhmadeeva），俄罗斯巴什基尔国立医科大学（Bashkir State Medical University）；古尔娜拉 · 瑞诺娃（Gulnara Rayanova），俄罗斯巴什基尔国立医科大学（Bashkir State Medical University）；鲍里斯 · 威丝曼（Boris Veytsman），美国乔治梅森大学（George Mason University）。——译注

生仅在本地以及国内发表过摘要或者论文。

我们的调查对象中有一半的人数（49% 医生和 50% 医科学生）表示他们曾经修过科研伦理相关课程。

我们的调查对象中有 1/4 的人数（24% 医生和 22% 医科学生）认为填写调查问卷不算参与研究。

尽管我们的调查对象中的大多数人（85% 医生和 78% 医科学生）赞成参与研究者应该知晓研究细节，但是显而易见，很多人对此并不赞成。调查对象的分歧在于研究者使用的调查结果是否可以来自不知情的对象，即调查对象对研究不完全知情和不愿意参与调查研究。40% 医生和 44% 医科学生认为可以。

相对于医科学生（68%），更多的医生（90%）认为研究对象有权中断研究参与。对于问题“你知道有谁曾经拒绝参与研究吗?”，两组各有 49% 的人回答“没有”。我们紧接着询问是否拒绝参与研究会影响他们对于患者的态度，分别有 26% 医生和 21% 医科学生表示会影响。

仅有 3% 医生和 2% 医科学生曾经向伦理审查委员会[①]提出过申诉。然而，那些没有向伦理审查委员会提出过申诉的人，有可能是因为他们所在的研究小组中有别的人（例如主要研究者）作为代表提出过申诉。我们的调查对象中，44% 医生和 49% 医科学生表示他们曾经目睹过研究参与者的权利被侵犯。

我们将参与过科研伦理课程的人和没有参加过该课程的人的回答做了对比。总体而言，我们很惊讶两组人的答案差异很小。

这些参加过科研伦理课程的调查对象更赞同研究参与者应该了解研究的细节（85% :77%）；较不赞同研究者可以使用从不知情对象那里获得的结果（36% :48%）；更赞同调查对象有权停止参与研究（87% :71%）。反映这些差异的统计数据由韦尔奇对称实验测量得出。较少学习过科研伦理的调查对象认为填写调查问卷属于参与研究（76% :77%），但是这种差异数据显示不明显。

总之，我们的调查结果表明，俄罗斯的医生需要了解更多关于科研伦理的信息和教育，目前科研伦理课程的开设虽然取得了 定成绩，但并不理想。

（姚　云　译）

① 伦理审查委员会全称为 Institutional Review Board，是确保负责任研究行为的一种预防监督机制。——译注

• 第 25 章 中国台湾地区人文社会科学研究实施机构监督协议概述

黄树民①

中国台湾地区高等教育机构包括教学型高校、研究型智库以及工业实验室，这些教育机构都是效仿西方国家尤其是美国而建立的。因此，美国建立起各种机构监督机制以确保学术领域和研究机构的科研诚信，保护研究对象的权利后，中国台湾地区自然而然紧随其后，效仿了相同的协议，甚至连研究机构参与的顺序都一样：先是生物医学领域，而后是人文社会科学领域。本章讨论了近年来科研伦理审查协议在中国台湾地区的发展过程。

伦理审查委员会自上而下的监管体系的建立

2002 年，台湾地区卫生主管部门就生物医学的科研伦理，首次出台了涉及人体试验研究的相关政策。这项政策虽然没有获得批准，但是由于成立了有章可循的伦理审查委员会，它很快得到大多数生物医学相关机构的认可，如高校主导的生物医学研究实验室、大型医院（包括研究性医院和商业医院）以及制药实验室。基于各机构对这项政策的广泛接受，2007 年 5 月，台湾地区临床研究伦理审查学会成立，它是所有生物医学伦理审查委员会的代表机构。

反对自上而下的监管体系

台湾地区卫生主管部门很快就注意到，监管生物医学机构的伦理审查委员

① 黄树民，中国台湾地区人文社会科学研究伦理委员会。——译注

会初有成效。2007 年 7 月，台湾地区卫生主管部门出台了以人类为研究对象的科研伦理政策的相关指导方针。毫无疑问，该指导方针扩大了生物医学伦理审查委员会现有的监督范围，将有关对“行为、观念、生物学、心理学、社会学和遗传学的个人状态”的研究都纳入其审查范畴。由于行政部门的介入，伦理审查委员会的权力急剧扩大，这立刻激怒了人文社会科学领域的学者。卫生主管部门的真正职责本应是致力于公共卫生事业，现在却越权，监管生物医学领域以外的所有研究工作。

有人提出了三个直接相关的问题，质疑新伦理指导原则中的新增部分。第一个问题是质疑这种监督权的权威性，因为它似乎有违学术自由的基本权利。

多数研究者关注的第二个问题是难以明确定义术语，比如术语“行为、观念、生物学、心理学和社会学的个人状态”的定义。这几个术语似乎是任意堆放且没有考虑过它们的实际影响或学科性质。尤其对于社会科学的一些学科而言可能并不适用，甚至毫不相干。

最后一个问题来自人文社会科学领域的相关研究者。他们指出当新的监察部门成立之后，他们需要向其提交更多的书面材料。台湾地区教育主管部门因越权管辖高校内部事宜，包括插手学校学位的颁发以及教授的任命、晋升或解雇而屡遭诟病。这样的科研伦理要求势必会给研究工作来带不必要的繁文缛节。

摆脱困境

为了减少人文社会科学领域研究者的消极反应，台湾地区科研暨学术主管机构作为管理基础研究的主要基金资助机构，决定采取行动来缓解研究者的恐惧，因为生物医学研究伦理审查委员会似乎越权管辖了那些不应受其审查的人文社会科学领域的研究者。2010 年，台湾地区科研暨学术主管机构制定了“人类研究保护计划”。这是一个为期两年的项目，旨在推动台湾地区伦理审查委员会在人文社会科学领域的发展。显然，台湾地区科研暨学术主管机构人类研究伦理治理架构建置推动计划办公室提出要建立一个协调办公室，并分别在台湾北部、中部和南部建立地方伦理审查委员会办事处解决将来的研究申请和审查问题。

理想情况下，人类研究伦理治理架构建置推动计划办公室的职能是协助三个地方伦理审查委员会办事处的建立，将伦理审查委员会相关的基础文件和工作手册（大部分来自美国）翻译成中文，组织将来就职的伦理审查委员会人员进行研习会和海外考察；开展调查，以了解台湾地区的研究能力；举办研习会和建立网页，来提高各类专业协会对监督科研伦理的重要性和必要性的意识。

考虑到台湾大学、中国医药大学和成功大学大都进行着相关领域的教学，开设了医学研究学院，也经营着医院，建立了历史悠久的生物医学伦理审查委员会，人类研究伦理治理架构建置推动计划办公室将三个伦理审查委员会办事处设立在这三所大学。台湾地区科研暨学术主管机构计划将生物医学伦理审查委员会的部分工作人员调去协助建立人文社会科学地方办事处。由于这三所大学在处理生物医学相关伦理问题方面拥有丰富的经验，在试验阶段建立新的伦理审查委员会似乎是顺风顺水。

就在人类研究伦理治理架构建置推动计划办公室忙于机构建设和人员培训时，卫生主管部门先前执行的涉及人体试验研究的相关政策发生了重大的变化（这让所有非生物医学领域的学者松了一口气）。在 2010 年会议上，卫生主管部门承认原政策对于人文社会科学的管辖范围太过宽泛，对术语定义也模糊不清，导致该项政策缺乏实用性。此外，他们也认识到人文社会科学的科研伦理与生物医学科学的科研伦理有着天壤之别。生物医学科学的科研伦理可以由政策进行明确的定义和监督，而人文社会科学的科研伦理只能靠各个学科内部建立的职业伦理来进行约束。换句话说，在人文社会科学领域，科研行为伦理更应该基于自律，而不是像生物医学科学领域那样依靠政策。随后修订的以人类为研究对象的科研伦理政策的相关指导方针中，去除了像“个人行为、观念和社会学”等术语。唯一与人体受试者相关的指导方针获得通过，并于 2011 年年底发布。该指导方针涉及范围更小，对生物医学相关研究做出了更详细的定义。

自治的发展

随着社会的进一步发展，提升自治能力就显得极为重要。2010 年，人类研究伦理治理架构建置推动计划办公室邀请了五个专业协会——社会学、人类学、社会工作、心理学和教育学，制定各自的科研伦理准则。研究者认为，这五大领域引领着台湾地区的科研伦理争论，并对西方在该方面的观点都有所了解。心理学和社会工作研究长期以来都被要求必须按照规定得到管辖权力颇大的生物医学伦理审查委员的批准。其他三个领域——人类学、社会学和教育学，也被告知必须遵守西方所制定的类似规定。2012 年，五个专业协会虽然都没有表态，但是都制定了自己的专业准则，为其他学科提供了可资借鉴的模式。

随着为期两年的试验顺利结束，2012 年年底，台湾地区科研暨学术主管机构宣布从 2013 年起，三个人文社会科学伦理审查委员会地方办事处开始进入审核研究计划书的试验期。所有获得资助的研究者都可选择向任一处办事处递交研究计划书。其出台的政策并没有受到学术界的欢迎，于是为了避免受到批评，故意没有说明试验期的长短。但据推测，该试验期为两年，于 2014 年结束。此后，所有递交的计划书都必须得到伦理审查委员会的批准。

由于生物医学研究和人文社会科学研究有着天壤之别，通过政策执行伦理准则的方法和通过专业协会的伦理规范执行伦理准则的方法也不尽相同，因此最后出台的审查协议较之前也截然不同。例如，人文社会科学研究伦理委员会将审查过程划分为三类：免除审查、简易审查和常规审查。免除审查包括哲学、文学创作、古代史、艺术和当代作品等方面的研究。简易审查指的是非干涉研究，或是那些旨在获得跨学科的聚合数据的、个人受访者信息又受到保护的研究，社会学研究、问卷调查、人种学调查和人口调查等则属于简易审查。常规审查的审核过程非常严格，与生物医学的审核过程相似。这类研究包括对自然的研究，或者是对受试者造成危险的研究，或者是涉及未成年人和弱势群体（例如囚犯和残疾人）的研究。在这些情况下，研究者必须要递交知情同意协议书以及采取一些保护性措施，比如获得监护人的同意。实验心理学研究和临床心理研究、社会工作研究以及实验教育研究都属于这一类。

我们想要建立一个实际可行的机构监督协议执行情况，以此确保人文社会科学的研究既符合基本的伦理关怀又不对受试者造成伤害，但是目前尚处于起步阶段。我们希望这个试验可以建立一个有效的模型，不仅可以保护受试者的权利，也可以增强人文社会科学领域研究者的伦理关怀。

（尹羚羚　译）

第五部分

负责任研究行为训练

负责任研究行为训练（Responsible Conduct of Research，RCR，也称为科研伦理训练）正在全世界的科研领域慢慢扩散。大约十年前，正规的负责任研究行为训练少之又少，在大多数国家都还没成为规定。本部分介绍了在澳大利亚、中国、芬兰、德国、美国实施和评估负责任研究行为训练活动的报告。这些报告展示了已经采取的不同做法、与实施有关的挑战以及不同的评估策略。

全世界大多数负责任研究行为训练都是在当地或机构层面实施和评估的，因此造成其方法和内容上的广泛差异。丛亚丽描述了为应对中国一些突出的科研不端案例和新的国家法规，在 2007 年北京大学决定减少其与学位挂钩的严格出版要求，并开始给学生讲授负责任研究行为课程。他们最终采取了一个三段式做法来对学生进行指导，要求所有学生以合作机构训练计划（Collaborative Institutional Training Initiative，CITI）所提供的在线培训为起点，随后是授课和家庭作业。总体目标是开创一个“以诚信为基础”的科研文化。

詹森·伯恩斯坦以自己多年来在美国一所理工学院进行负责任研究行为训练指导的基础上，从教师或组织者的视角讨论他所得到的经验以及需要考虑的重要事项。虽然在美国联邦一级，讲授负责任研究行为训练的最初动机是因为有这样的要求，但他也阐述了其他几个需要并应考虑的原因。对一门成功的课程来说，必须获得机构采购、培训训练员；当有其他人参与教学时，还应仔细考虑公共课与专业课的关系，并确保包含所需的内容。如果课程看起来对生物医学研究人员更为相关时，后一部分就显得尤其重要，因为在美国生物医学研究人员最初是接受指导的首要考虑对象。

在任毅所描述的为澳大利亚麦考瑞大学联合培养博士生（由两所来自不同国家的大学的导师进行联合指导）所进行的负责任研究行为训练指导中，受众的重要性也是其训练焦点。联合式国家监督引发了要仔细通过不同研究权威等级（个人、机构和国家）开展工作、当差异产生时建议该怎么做的需要。麦考瑞大学的一个解决方案就是非常强调行为准则，比如澳大利亚的全国性规范和第二届世界科研诚信大会所采纳的全球性的《科研诚信新加坡声明》。

随着负责任研究行为训练指导在美国的增长，美国已经开始为许多大学所常见的专门课程开发训练指导材料。卡米尔·内贝克描述了一个为专业科学硕士学位项目所提供的这类课程。该项目的合作者采用以学习者为中心的调查教学策略，设计并试验了一个混合型训练方法，并在一个实习项目的环境中实施。如今正通过在地区性和全国会议上的培训训练员环节来鼓励进一步推广专业科学硕士项目。

海尔格·诺尔特、麦克·戈美尔和格琳德·施蓬霍尔茨在对德国进行的开发更新报告中描述了协调训练的不同做法。为了回应 2007 年德国科研巡视官所提出的建议，“良好科研行为”研讨班拟定了一门课程并提供给德国科研机构。本章报告了他们举办这个研讨班的经验及自 2009 年以来所不断取得的成就。

最后，艾瑞卡·洛夫斯特罗姆和敏卡·里萨宁报告了对讲授负责任研究行为训练（科研伦理）的一些更为细微的效果进行评估所做的早期工作，以及环境和个人因素对科研行为的影响。他们针对的事项是诸如帮助学生认识伦理问题的重要性、职业的社会化和机构文化的影响等。尽管仍处于评估的早期阶段，但他们的工作表明：通过培训促进科研诚信是一项复杂的任务，需要考虑到个人、体制和职业的因素。本章得到芬兰科学院给第一作者提供的第 252813 号经费的支持。这篇论文还有一个更为详细的版本，题为《学生科研伦理能力和作为学习环境的大学》，已经被《国际教育诚信期刊》接受发表。

尼古拉斯·斯特耐克

• 第 26 章　北京大学医学部负责任研究行为训练

从亚丽①

中国高校急需负责任研究行为训练的背景概述

过去十年，科研不端行为事件引发了中国社会的普遍恐慌，尤其是在政府层面。大多数科研不端行为事件均发生于高校。究其根本，既有个人因素也有制度因素。从个人层面看，有些人急于实现快速成功，以获得即时的好处；有些人急于申请更高的职称或更多的资金；或者，对即将毕业的学生而言，他们的目的是想尽快毕业。能体现其中一个制度因素的例子是，大多数大学均要求研究生在毕业前发表被《科学引文索引》（*SCI*）收录的论文。

2006 年发生的重大学术丑闻——“汉芯”事件，使中国政府决心大力打击科研不端行为。由于过去三十年经济发展迅速，中国逐渐增加了在科技方面的资金投入。而科研人员担心的是这些资金能否公平分配。鉴于同业审查过程和透明度上现存的漏洞，一些研究人员选择铤而走险，或在发表论文时伪造研究数据，或为获得资金、晋升而编造履历。将这些科学家推向科研不端行为的还有其他因素，例如同业审查尚有缺陷、研究质量监管缺失以及评价标准模糊等。

这样的背景给教授培养研究生带来了很大的困难，尤其是当该大学没有意识到这样的学术环境给自身和社会造成多大危害时，更是如此。在 2000 年北京大学医学部要求博士生获得博士学位之前须至少发表 2 篇被收录进《科学引文索引》的论文后，情况更糟糕了。如果一篇论文影响因子大于 2，那这一篇就足矣（Ding, 2002）。许多大学公布了类似政策，其积极的结果是，中国国

① 从亚丽，北京大学医学部（Peking University Health Science Center）。——译注

内有更多论文发表在了国际期刊上。“在1996年，这项分析开始的第一年，美国共发表了292 513篇论文——较中国发表的25 474篇多出10余倍。到2008年，美国论文总数有轻微增长，达316 317篇，而中国猛增7倍，达到184 080篇”（*Nature*，2002）。这项政策的消极后果主要是质量和其他问题。“诺丁汉大学副教授曹聪博士认为，中国科研的质量与其论文发表数量不符。”（Hepeng，2006）

一项在某非医学院校进行的调查显示，受访的150名研究生中有20.81%称自己曾引用过没有在参考文献中列出的段落。关于是否将引文写入参考文献的问题，51%的受访者回答“看情况”，另有4.1%的受访者称没有读过自己所列的参考文献。此外，有43.62%的受访者表示，他们提前联系了会出席其论文答辩的教授，以了解在论文答辩中教授会提出什么问题（Qiu，2010）。

另一项在某医学院校进行的调查询问了100名受访者。调查显示，23%的受访者在写论文前阅读的论文少于20篇；17%的受访者断章取义；15%的受访者借用其他学长的论文；还有16%的受访者承认自己曾编造数据以达到目的，以及使图表看起来更好看（Chen，Y. and Y. Fang，2011）。

了解到研究生缺乏科研诚信的基本知识后，北京大学对这一问题更加重视。第637次校长办公会后，北京大学于2007年1月11日发布了《北京大学研究生基本学术规范》。自2007年起，每个学生都收到了关于科研诚信的手册。最重要的是，经过数年要求研究生发表《科学引文索引》论文的实践，北京大学医学部于2006年改变了论文发表要求。发表一篇收录入《科学引文索引》的论文不再是获得博士学位的严格的必要条件。现在，北京大学医学部的博士论文质量更多地依靠学术委员会的判断。

北京大学医学部负责任研究行为培训

受韩国黄禹锡事件的影响，2010年年中，北京大学医学部研究生院举办了一次讨论如何设计负责任研究行为课程的会议，此次会议对生物医药领域的科研不端行为事件给予了特别关注。我们成立了一个教师小组，由来自医学伦理专业的两组教师组成，一组从事医学史研究方向，另一组则来自我们一所教学医院的遗传学实验室。同时，我们设立了一支兼职教师队伍，举办一些与不同的生物医学领域密切相关的讲座；我们还邀请了一些国际学者来参观北京大学医学部，补充和更新我们的负责任研究行为课程（例如，ROY M. Schwarz博士，纽约美国中华医学基金会前主席，他给我们作了一系列的负责任研究行为讲座)。

北京大学医学部的负责任研究行为培训由三部分组成：预备课程（CITI项目[①]，即合作机构培训计划)、面授课程和讨论以及课后作业。

第一步是在网上通过合作机构培训计划项目自学，其内容涵盖十大核心领域：

- 介绍负责任研究行为；
- 科研不端行为；
- 数据的采集、管理、共享和所有权；
- 出版和署名；
- 同业审查；
- 导师和学生的职责；
- 动物权益保护；
- 利益冲突和承诺；
- 合作研究；
- 人体实验。

第二步是面授课程和讨论。包括但不限于以下主题：

- 研究工具及其在历史上的角色转变；
- 重新思考科研的重要概念以及科研过程中的关键步骤：选题、设计方案、确定方法、开展研究、发表成果以及申请专利等；
- 巴尔的摩案例：科学、政治和对科研群体的信任；
- 关注研究生与其导师之间的关系；
- 讨论当前管理系统的瓶颈：资金监管、论文发表、自我监管等。

第三步是课后提交案例研究。案例可以是此前不为人所知的，可以是大众熟知的，可以是自己常常遇到的，也可以是亲身经历过至少一次的。通过这项任务，可以列出一些今后可用于教学中的案例，这将有助于学校了解周围常见的和最严重的问题，这些问题是学校应该警惕并且需要阻止的。

学生课后作业案例：

---

① CITI项目，全称为Collaborative Institutional Training Initiative，始于2000年，旨在通过提供高质量的、同业审查过的、基于网络的科研教育内容来增强大众对科研单位的信心，以促进科研诚信，提高研究人员的专业素养。——译注

> 我同学的导师研究一种药物。这位导师根据自己的临床经验相信自己的某一处方有效。因此，他安排这名研究生做测试来证实这一观点。实验结果并不理想，导师觉得实验的某些部分应该采取不同的操作方式，要求学生再做一遍实验。因此，这名学生开始进行大规模的正式实验，但结果仍与上一次实验类似。尽管如此，导师仍认为自己的处方应该有效，要求学生重复实验。鉴于每个实验周期都需要时间，这名学生急于毕业、求职以及通过医师资格证书考试，他最终篡改了第三次实验结果的一些数据。这回导师满意了，他说："我就知道这个处方有效。"

一方面，我们可以从这次作业中得出结论：导师的角色非常重要，直接影响学生的学术生涯。另一方面，如今存在着这样一种现象，即有些研究生只将研究视作需要完成的工作，而非与其学术生涯和声誉挂钩。为防患于未然，不应只对研究生开展负责任研究行为培训，对本科生也应开展这种培训。

在全校营造负责任研究行为的氛围

高校的负责任研究行为培训至关重要，而且应该被视作国家的头等大事，因为大多数科学家都在大学接受教育。2006 年前后，教育部、科技部和其他协会都清楚地意识到了这一点。从那时起，他们发布了许多关于科研不端行为的处理条例和自我约束法规，并要求大学提供这方面的培训。

在北京大学医学部，有道德感的教授曾多次在不同场合强调和呼吁，学生要做好准备"耐得住寂寞"，同时，越来越多的教授达成了一些共识，认为应将建设以诚信为基础的文化作为目标，从长远来看，这对大学和学生均有益处。

目前，有多种方法可以帮助我们实现这一目标，例如：将科研诚信培训列入当前的导师培训日程；鼓励项目负责人进行实验室伦理文化建设；以及最重要的，开展负责任研究行为培训。

参考文献

Chen, Y. and Y. Fang (2011). We should objectively evaluate the current situation of research integrity in China. *China Science Foundation*, 200 – 202.

Ding, Y. (2002). Beijing U. issues first-ever rules. *Science*, 296(5567), 448–449.

Hepeng, J. (2006). Frequent cases force China to face up to scientific fraud. *Nature Medicine*, 6 (12), 867.

Qiu, J. (2010). Publish or perish in China. *Nature*, 463, 142–143.

（袁晓含　译）

• 第 27 章　在美国工程学院讲授负责任研究行为的反思

詹森·伯恩斯坦①

本章将重点讲述我为美国佐治亚理工学院本科生讲授负责任研究行为课程中所发现的一些成果。目前我正主导制定一项学术政策，此政策要求所有新入学的博士生都必须接受在线和面对面的负责任研究行为训练。

负责任研究行为教育的理论基础

开设此课程的主因是美国国家科学基金会（National Science Foundation，NSF）和美国国立卫生研究院（National Institute of Health，NIH）要求学校这样做，关于这一点大家十分认同。但在我看来，更重要的原因其实是学生作为学术共同体的一员，应该知晓他们接受教育和做研究的经费部分来自公共资助，因此他们有责任保护公众。开设负责任研究行为课程可以提醒学生，他们享受着稀缺的资源，因此他们肩负道德责任，应不负公众信任。

同样重要的是传递这样一种理念，即研究纳入了伦理层面。我们不应该让学生觉得伦理应该独立于研究之外或者成为研究者的绊脚石。要成为一名"合格"的研究者，需要践行一些基本的伦理规范和原则。例如，我们可以向学生重申数据真实性对于研究者来说高于一切，强调其重要性。具体来讲，如果研究者所得出的数据不是精确的，那么不管从科学还是伦理角度来讲，他都不是一名"合格"的研究者。其他强调伦理和研究是紧密一体的方法还包括讨论风险的概念。"可接受风险"不能仅仅从数值和量化分析来定性，在定义这个概念时还应加入伦理考虑，例如公众是如何看待风险的。

---

① 詹森·伯恩斯坦（Jason Borenstein），美国佐治亚理工学院（Georgia Institute of Technology）。——译注

负责任研究行为教育的另一目标是促进研究环境的可持续交流。如果这一目标得以实现，那么将会杜绝著作权或数据所有权领域的争端。

“买入”制度

说起在校园里引入“买入”概念，许多管理者都同意在学校里开设负责任研究行为课程能够使学院更加符合联邦机构的要求。并且，如果该课程能够覆盖整个学校，那将会减轻项目负责人的负担。

我发现，在每个学校或者每个部门中至少挑出一名最清楚开设伦理/负责任研究行为课程教育需要的人，极其有助于在学校中普及负责任研究行为课程。一些教职员工开始对这一课题感兴趣是源于对学生剽窃行为的担忧，这一问题已不仅在美国国内，甚至在全球范围内的学校中都很普遍。另外，经常研究与人类或动物相关课题的研究人员可以成为合适的伙伴，因为他们所做的研究经常需要考虑伦理问题，因此他们也理解为何未来的研究人员需要在这一领域得到训练。

针对教师的负责任研究行为培训

学生也许会抱怨为什么他们的老师不需要接受这一培训。学生认为，研究领域中出现的许多问题其实最先是由于教师行为不当而导致的。不论最终联邦机构或者其他团体是否要求教师也要接受研究行为培训，但向未来的研究人员提供这一培训必然会引起“文化转移”，使得关于该课程的讨论在研究领域中更加广为人知。

“公共课”还是学科特定课程

目前一个持续的挑战是，为所有学科的学生开设负责任研究行为课程，即使其内容不能针对每个学生的具体学科，还是提供一系列的学科特定课程。两种方法各有利弊。后者也许更能引起学生的直接共鸣，一部分原因是这会使一些本系的教师必须直接参与到该教学中。然而，公共课这种方式也有其益处，尤其是因为所有研究人员的研究领域有所重合，大多数研究本质上都是跨学科或涉及多个学科的，这就意味着学生能从与其他领域专家的互动中受益。

主题领域与课程内容

在美国，科研诚信办公室和国立卫生研究院是负责任研究行为教育与培训背后的两大主要推动力。因此，负责任研究行为教育也受到了科研诚信办公室[①]所定义的九大主题领域的影响，最近又受到国立卫生研究院所规定的扩展后的主题领域清单的影响，其中包括实验室安全和研究人员社会责任。[②]

一直以来，学校都有意地将“生物医药模型”应用于所有学生。然而，这种倾向应该适当加以控制，尤其是当这些学生并非全部学习生物医药或社会行为学时。举例来说，计算机科学家、交通工程师和其他人也许会质疑该课程与实验用动物的关联或是与位于塔斯克吉的美国公共卫生署梅毒研究所有何关联。

有两个主要问题需要考虑。第一，标准的负责任研究行为主题领域是否能被改制为针对特定学生群？例如，如果要涵盖人类受试者的研究，是否能找到与学生的学习领域相关的阅读、案例分析或是其他材料？第二，是否应该涵盖其他主题领域，因为它们与学生的学习领域或未来职业更相关？例如，学习计算机和工程学的学生也应该了解出口管制的知识。

为了能更高效地普及负责任研究行为教育，应该有越来越多的来自生物医药领域外的研究人员可以谈谈在他们各自的领域中有哪些特定的主题，这一举措至关重要。

（张　可　译）

① 美国卫生和人类服务部，科研诚信办公室。参见 http://ori. hhs. gov/（2013 年 2 月 27 日）。

② 美国国立卫生研究院（2009），更新的教学要求负责任研究行为，NOT-OD-10-019。参见 http://grants. nih. gov/grants/guide/notice-files/NOT-OD-10-019. html（2013 年 2 月 27 日）。

第28章　麦考瑞大学联合培养博士生科研诚信管理体系

任毅①

背景介绍

联合培养博士生项目是国际科研合作的重要部分，在研究型大学中日益普及。根据欧盟委员会伊拉斯谟世界项目，联合培养博士生须同时接受不同国家的两所高校的博士学位联合培养。顺利的话，两所高校将授予博士生联合博士学位或双博士学位。②

麦考瑞大学位于澳大利亚悉尼，是一所公立学校，也是澳大利亚的研究型大学之一，拥有37 921名学生和2 711名教职工。③ 麦考瑞大学在不同领域的科研前沿均有建树。强大的科研实力为麦考瑞大学奠定了良好的国际声誉。其优势研究领域包括古代文化、动物行为学、天文学与天体物理学、生物分子前沿、生物燃料和燃料效率、资本市场、范畴论、气候危机、认知学、生态学、地球和行星演化、情绪健康、金融风险、国际管理和绩效、语言科学、激光和光子学、神经科学、血管科学和外科手术、量子信息科学和安全团队、社会、文化和政治变化、社会融合、特殊教育、移动通信。④

麦考瑞大学高等学位研究室的学生开展了一项研究，这项研究对大学研究工作而言至关重要。麦考瑞大学拥有澳大利亚最大的联合培养博士生项目，累计培养博士生达170名（参见图28-1）。联合培养博士生是麦考瑞大学攻读研

---

① 任毅（Ren Yi），澳大利亚科研培训和国际科研培训合作伙伴（Research Training and International Research Training Partnerships）。——译注

② http://eacea. ec. europa. eu/erasmus_mundus/tools/glossary_en. php(2013年2月26日)。

③ http://www. mq. edu. au/about_us/university_profile/macquarie_at_a_glance/(2013年7月12日)。

④ http://www. research. mq. edu. au/about/research_office/research_strengths(2013年7月12日)。

究性高等学位的学生团体的重要组成部分。麦考瑞大学鼓励他们发表研究成果，学校和其国际合作大学的导师会给予指导。

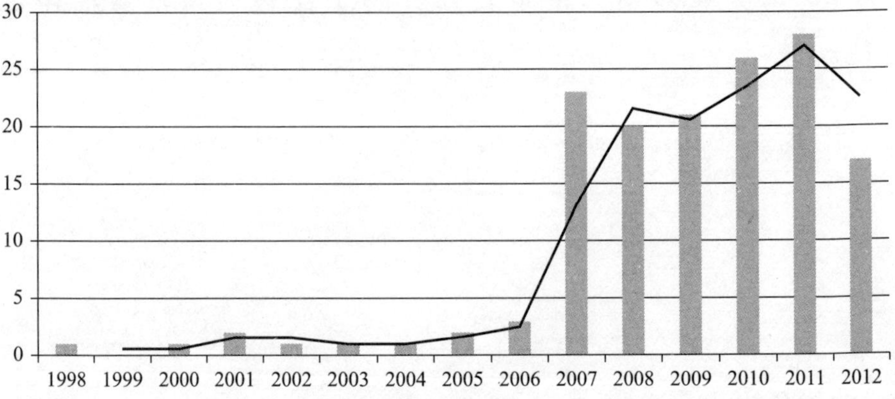

图 28-1 麦考瑞大学联合培养博士生（1998—2012）

资料来源：麦考瑞大学高等学位研究室数据库

对麦考瑞大学而言，要管理好科研诚信极具挑战，包括著作权、数据管理、联合培养博士研究生的利益与科研诚信培训项目之间的冲突。对博士生开展科研诚信培训也很困难。首先，不同国家和大学之间关于科研诚信的规则、条例和政策不同。其次，国际上仍未统一对科研不端行为的处理方法。

本章将从麦考瑞大学的角度出发，探讨针对联合培养博士生的科研诚信培训机制。

问题与挑战

由于不同国家以及合作大学对于联合培养博士生项目的政策和条例十分复杂，所以相关的政策和条例需要进一步研究和遵守。例如，欧洲是麦考瑞大学联合培养博士生项目的最大合作方（参见图 28-2），然而整个欧洲都没有指导科研诚信的协会。戈德查理、纳梅里和迪耶克斯三人的最新研究显示，在欧盟的 27 个成员国和欧洲自由贸易联盟（冰岛、列支敦士登、挪威和瑞士）的 4 个成员国中，12 个国家没有针对科研诚信的国家准则或高校准则，而这些国家在欧盟的出版量占 13%（Godecharle 等，2013）。

麦考瑞大学联合培养博士生项目的另一个重要合作伙伴是中国。同样，中国的科研诚信管理也相当复杂。很多科研行为准则是由政府部门、高校、研究机构、全国性的学术团体制定的（Sun，2011，第 181 页）。然而，至今中国仍未有统一的科研诚信的国家层面的准则或指导纲要。中国高校和研究机构竭力管理科研诚信，避免发生更多的科研不端案例。

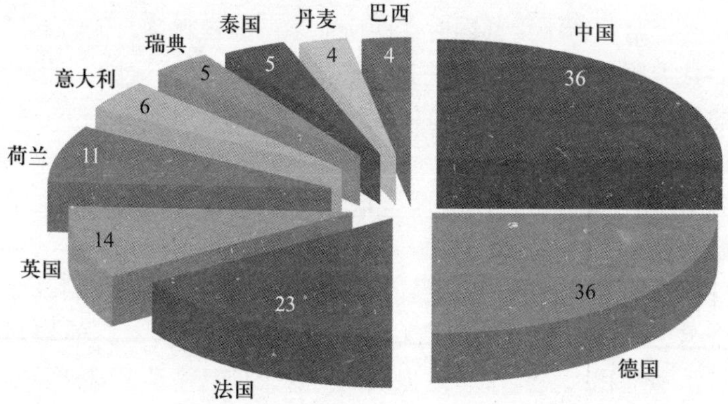

图 28-2　麦考瑞大学联合培养博士生合作最多的前十个国家

资料来源：麦考瑞大学高等学位研究室数据库

麦考瑞大学联合培养博士生项目还面临另一项挑战，机构层面的管理系统和考生管理办法不同。大多数合作高校没有全面综合的管理体系和管理规范。一部分高校了解科研诚信问题，而绝大多数并不清楚。要对科研诚信培训进行基准测试，找到责任人员更是难上加难。一所合作高校的资深教授表示，用“常识”即可处理科研诚信问题。

学术诚信培训体系和实施步骤

过去两年间，麦考瑞大学试图建立一套联合培养博士生的科研诚信管理体系。这套体系包括：

- 澳大利亚准则；
- 麦考瑞大学科研诚信政策；
- 联合培养博士生协议内的科研诚信条款；
- 科研诚信培训项目（入学教育、开学典礼和教师培训）；
- 联合培养博士生管理工作坊；
- 《科研诚信新加坡声明》和《跨界合作研究中科研诚信蒙特利尔声明》；
- 经济合作与发展组织关于科研不端行为调查的政策。

根据 2007 年《澳大利亚负责任研究行为准则》，责任分为三个层面：国家层面、机构层面和个人层面。在机构层面上，麦考瑞大学已有负责任研究行为的学校政策和科研不端行为的处理程序。

每一位联合培养博士生都同时在两所或多所高校就读。他们不仅要提交入学申请，而且需要填写由合作高校共同签署的法定协议。过去三年间，个人所签协议中的科研诚信条款已经规范标准化。

科研诚信培训已经渗透到了大学的开学典礼和入学教育。每年都会有 2 次开学典礼和 10 场入学教育。所有联合培养博士生必须参加 1 场入学教育，并在学期伊始参加 1 次开学典礼。

科研诚信培训也对教职工，尤其是对自然科学学院和人文科学学院的教师开放。一个名为“国立卫生研究所科研诚信办公室实验室”的培训项目就是专为自然科学学院和人文科学学院提供的。这个项目主要针对涉及实验研究的博士研究生。

在麦考瑞大学所有的宣传资料，包括《攻读研究性高等学位学生手册》以及与研究培训相关的大学网站上，都可找到《澳大利亚准则》。与此同时，麦考瑞大学联合培养博士生签署的个人协议中也包括科研诚信条款，其中一条就是遵守澳大利亚准则。

科研诚信培训不仅针对麦考瑞大学的博士生，而且包括合作高校的管理人员和行政人员。2012 年，麦考瑞大学组织了第一届联合培养博士生科研管理工作坊，有 15 所来自欧洲和亚洲的合作高校参与。工作坊项目的重要组成部分之一便是科研诚信培训。

麦考瑞大学科研诚信管理的另外两份重要指导文件是《科研诚信新加坡声明》① 和经济合作与发展组织（OECD，2009）的科研不端行为调查政策。科研诚信培训项目中的《科研诚信新加坡声明》不仅针对联合培养博士生，还包括合作高校的管理人员和行政人员，而经济合作与发展组织的文件仅针对科研不端行为调查。

结论与改进

联合培养博士生项目是麦考瑞大学科研工作的重要部分，它对麦考瑞大学的科研成果、国际科研合作以及高校排名意义重大。然而，科研诚信培训依然是个棘手的难题。

---

① http://www.singaporestatement.org，2013 年 7 月 12 日。

以下是我们需要改进的地方：

- 理解和学习合作国家及合作高校的所有政策；
- 增强对科研诚信以及同合作高校联合开展学术诚信培训的重要性的意识；
- 筹备新的科研诚信培训项目；
- 在高等学位研究室安排一位专员，专门给麦考瑞大学及其海外合作高校的联合培养博士生做科研诚信培训；
- 采用科研诚信的国际统一原则，比如《科研诚信新加坡声明》和《跨界合作研究中科研诚信蒙特利尔声明》①。

麦考瑞大学将不遗余力地保持高标准的科研诚信管理和科研诚信培训，为科研事业增添价值，应对科研挑战。

参考文献

Godecharle, S. , B. Nemery and K. Dierickx (2013). Guidance on Research Integrity: No Union in Europe, 381, 1097－1098. Available at www. thelancet. com.

National Health and Medical Research Council, the Australian Research Council and Universities Australia (2007). Australian Code for the Responsible Conduct of Research. Australian Government: Canberra. Available at http://www. nhmrc. gov. au/publications/synopses/r39syn. htm (accessed on 12 July 2013).

Organisation for Economic Co-operation and Development, OECD (2009). Investigating Research Misconduct Allegations in International Collaborative Research Projects: A Practical Guide. OECD Global Science Forum. Available at http://www. oecd. org/ dataoecd/42/34/42770261. pdf (accessed on 12 July 2013).

Sun, P. (2011). How many codes of conduct do we need? The Chinese experience. In *Promoting Research Integrity in a Global Environment*, T. Mayer and N. Steneck (eds.). Singapore: World Scientific.

① http://wcri2013. org/Montreal_Statement_e. shtml,2013 年 7 月 12 日。

拓展阅读

http://www.mq.edu.au/about_us/university_profile/macquarie_at_a_glance/ (accessed on 12 July 2013).

http://www.research.mq.edu.au/about/research_office/research_strengths (accessed on 12 July 2013).

http://www.singaporestatement.org (accessed on 12 July 2013).

http://wcri2013.org/Montreal_Statement_e.shtml (accessed on 12 July 2013).

（赵东播　译）

·第29章 学习理论应用于负责任研究行为的教学设计：评估跨专业理科培训生科研诚信培训的案例研究①

卡米尔·内贝克②

学术研究机构为科学家和工程师提供正规的培训平台，以发展其作为专业人员所需具备的批判性思维和推理能力。在许多机构中，这种培训包括对负责任研究行为的指导，让学生和受训者熟悉规则、规章、职业守则和实践思维标准，以培养其科研诚信意识。由于许多理科生毕业后多就业于商业、工业、政府和非营利就业领域，因此，我们的培训指导材料逐渐改进，以促进对核心主题的跨专业应用的学习，这些核心主题通常与规划、开展和汇报研究相关。之后，通过加利福尼亚州立大学系统的四门专业理学硕士学位课程对教学策略进行课堂实地测试，这四门课程是医学物理学、生物技术、计算科学和环境科学。参与者包括任课教师、研究生和为专业理学硕士学生提供实习机会的雇主。测试结果表明，通常与负责任研究行为相关的主题（例如数据管理、合作、利益冲突），与通过询问、引导式互动和合作型项目以促使参与者积极参与到学习过程中的教学相结合，可促进对非学术理学职业领域伦理维度的学习。此外，依据人类学习研究的框架检测教学内容，以鉴定教学技术与通用标准相符的程度。由于此教学模式经由专业理学硕士课程开发和测试，其概念和体系可广泛应用于负责任研究行为的教学。

---

① 本章研究得到了“美国国家科学基金会理工科伦理教育奖”（奖号：0932795；奖期：2009—2013）一定程度的支持。本章所述内容和观点为作者个人看法，不代表美国国家科学基金会的官方意见。

② 卡米尔·内贝克（Camille Nebeker），美国加利福尼亚大学（University of California）。——译注

引言

为迅速发展的科技领域培养一支训练有素的职工队伍，需要高等院校反思现行的一些做法，并制定创新型的相关学术课程。专业理学硕士学位课程始于1997年，由艾尔弗·斯隆基金支持设立，它体现了研究生教育中的此种转变（Lynch，2011；Teitelbaum & Lynch，2010）。专业理学硕士课程以自然科学、数学、计算科学和工程学为主，并辅之以一些为雇主高度重视、发展专业技能的课程（Lynch等，2009；Teitelbaum & Lynch，2010）。有两个因素使专业理学硕士学位课程极具独特性：（1）用专业技能发展课程（例如：企业管理、国际商务、伦理学、法规遵守）扩充传统课程，以提高毕业生对工作环境需求的反应能力；（2）用完成实习替代撰写研究论文，让学生将知识运用于本专业的实际问题（Lynch等，2009；Teitelbaum & Lynch，2010）。根据理科硕士网站上的数据，现有近300个专业理学硕士学位课程，分属美国的134所大学①。

2007年8月9日，《美国竞争法案》签署生效。为了给与科学、技术、工程和数学（STEM）学科相关的专业理学硕士学位课程提供最佳的实践内容，《美国竞争法案》规定美国国家科学基金会创设专业理学硕士学位信息交换所（众议院2272号，6002条）。《美国竞争法案》同时提及，负责任研究行为教育是促进理工科卓越发展的一项关键要素（众议院2272号，7009条）。在生物医学领域内培训科研伦理时，课程则主要针对博士研究生和博士后（Steneck & Bulger，2007）。在理学硕士和本科层面的职业伦理以及科研伦理教育的关注度很低。此外，在跨专业就业环境中（例如政府、工业、非营利机构）探究影响科研诚信因素与负责人研究行为相关的培训，并不很起眼。2009年，“美国国家科学基金会理工科伦理教育计划”为专业理学硕士课程提供了资助，以促进其职业伦理和科研伦理教育。本章介绍了负责任研究行为教学的开发与测试，旨在促进那些准备在非学术理科环境下就业的硕士研究生对跨专业职业伦理和科研伦理的学习。

职业伦理与科研伦理实习课程的开发过程

圣地亚哥州立大学机构审查委员会“豁免”了该课程开发项目的审查与

① 参见 http://www.sciencemasters.com/。

鉴定。

本项目运用了以学习者为中心的探究式教学策略，探究了将伦理教育引入专业理学硕士实习经历的可行性。加利福尼亚州立大学系统参与的四门专业理学硕士学位课程包括：圣地亚哥加州州立大学的计算科学和医学物理学课程、加利福尼亚州立大学海峡群岛分校的生物技术和法律课程以及加利福尼亚州立大学奇科分校的环境科学课程。① 每个学校的专业理学硕士主任都协助特定学科"开发团队"的人员招聘，该团队至少由一名实习生、一名雇主/实习生主管和一名教师组成。开发团队的形成，意在使那些目前正经历专业理学硕士学生实习的人，在学科环境和工作环境下，参与对科研伦理维度的讨论。因此，这种模式在本章中被称为"实习模式"。

圣地亚哥加州州立大学开发团队的参与者参加了一个入门指导，完成了一项预评估以及之后为期两周的自主学习。自主学习期过后，参与者完成后评估并参加了八个分组讨论。指导人员的指导内容在获得圣地亚哥加州州立大学参与者的反馈后改进，改进后的内容再由加利福尼亚州立大学海峡群岛分校和加利福尼亚州立大学奇科分校的参与者进行课堂实地测试。圣地亚哥加州州立大学和加利福尼亚州立大学奇科分校的开发团队对"实习模型"进行试验，"实习模型"包括一名教职工、一名研究生以及一名雇主代表。加利福尼亚州立大学海峡群岛分校将《负责任研究行为指南》改编成了现有课程，该门课程有七名学生和三名雇主代表参与。关于课程开发进程的其他信息如下：

第1周：入门指导。入门指导共一小时，评论项目所要达到的目标和预期效果，讨论并获得参与项目的知情同意权。预评估内含30个项目，用以衡量参与者对负责任研究行为内容的熟悉程度，并确认参与者在培训之初是否已拥有类似水平的知识。预评估包含有关科研诚信的广泛问题（例如不良科研行为、利益冲突、导师指导、数据管理），问题大多以必选题和开放式回答的形式出现。

第2—3周：自主学习过程。入门指导之后，参与者要对一个源于网络资源的科研伦理问题进行自主评论。评论该问题的目的是让参与者获取有关负责任研究行为的基本信息（例如主题、定义、目标），为之后的讨论做准备。讨论大量负责任研究行为的资源的同时，圣地亚哥加州州立大学举办了"科研伦理教育资源"，原因在于它涵盖了常规的负责任研究行为主题，提供了背景信息、法规、指南、教学案例和额外的资源。为使自主学习过程能顺利进行，参与者需要回顾"引言"中的内容。"引言"论述了教授科研伦

---

① 这三所大学均属加州州立大学系统下的分校。——译注

理的目的、相关目标、知识、态度、行为和技能。此外，参与者还需要评论教学案例，并考虑如何重新构造案例内容以体现职业环境（例如生物技术公司、放射科诊所）中的真实情形。为引导参与者对每个主题进行反思，参与者要写日志，记录在学术和非学术职业环境下他们对每个主题中问题的回答。

第4—12周：分组讨论。自主学习之后安排了八个分组讨论，为参与者创造机会，实现以下目的：(1) 练习讨论他们对负责任研究行为内容的理解和疑问；(2) 通过案例分析思考学术环境和工作环境下的伦理规范和期待之间的异同；(3) 找出理学专业人员在非学术职业环境中可能会面临的伦理挑战，并开展一项描述跨专业伦理困境的教学案例研究。每次讨论时长约为两小时，涉及以下内容：

1. 后评估：第一次分组讨论要完成后评估。与预评估一样，后评估要确认在评论“科研伦理教育资源”信息后，正确答案是否有增加。这次会议有项目工作人员协助参与，以了解参与者在自主评论过程中的经历，并找出与相应学科和职业环境最为相关的负责任研究行为的主题。被认为相关程度最高的主题要优先进行讨论。

2. 引导式对话：其他会议主要由参与者主导，内容涉及引导式讨论，通过提问推动对具体负责任研究行为主题的探讨。让参与者充当会议的主导者，是为了观察教学是否条理明晰、推动讨论的方法是否行之有效，并确定对主题专家来指导教学的需求程度。

3. 案例分析实习课程：除了引导式对话，参与者评析了描述伦理挑战的案例研究，以促进对可能发生在学术领域的伦理问题的反思，并考虑在其他职业环境下特定问题可能出现的方式。案例分析实践同时运用于增强参与者对案例构建的熟悉程度，以使其开发出与行业相关的教学案例作为最终方案。分析案例时，参与者需考虑：(1) 案例的哪些方面呈现了伦理关注；(2) 事实情况和哪些法律、条例或法典可能存在问题；(3) 案例中可能关乎其利益的当事人或利害关系人；(4) 可能采取的行动和行动产生的结果。

4. 形成性评估：第四次会议之后，参与者要完成一份课后作业，并需独立思考对于从项目初始就在讨论的每一个主题，通过回答其中的问题来反思有哪些收获。这份作业的目的是为了让参与者做出评估，评估他们对主题的理解程度、主题与他们工作的相关程度以及他们是否在近期的讨论中使用了所获信息。作业也使项目工作人员了解了参与者理解了什么、还存在的问题是什么。

5. 案例构建设计：分组讨论结束时，参与者总结他们讨论过的“热点主题”，考虑合作开发教学案例，描述本学科和工作领域中特有的伦理困境。

数据收集与分析

数据包括自主学习的日志、预评估和后评估调查、分组讨论录音、形成性评估的描述和参与者开发的教学案例。每份预评估都经过了手动打分，并比较得分结果，用以评估学生/实习生、教职工和实习生主管的相关知识的基准水平。比较参与者自身或之间的预评估和后评估得分，用以评估针对理解科研伦理主题的基准线训练其效果如何。分组讨论使用了数字录音设备进行录音。每组的录音都经过了专业转录。转录文本和文字叙述都进行了编码以辨别主题和模式（Creswell，2009）。

美国学术出版社出版的《人是如何学习的：大脑、心理、经验及学校》一书中描述的框架，被认为是本项目教学设计的具体框架，可以判定教学策略是否与促进终生学习的方法相一致。具体而言，《人是如何学习的：大脑、心理、经验及学校》一书基于对人类学习的大量科学研究，为教育和学习提供了研究视角，并强调了培育“自给型终生学习者”教学实践的重要性（Bransford 等，2000）。该书的主要发现表明，教育工作者的下列行为会促成有效的学习：

- 当以往的经历影响了学习者对新概念的理解能力时，鼓励他们仔细考虑对主题的先入之见；
- 拥有扎实的事实性知识基础，使用概念体系使信息情景化，组织材料以方便检索；
- 结合帮助学习者发展技能的元认知评估工具，来管理他们的学习；
- 在社区内进行上述事项，以助于信息的情景化，并使知识运用于实践。

结果

预评估、后评估和日志记录。对预评估进行比较，对学生/实习生（n =2）、教职工（n =2）和雇主（n =2）相关知识的基线水平进行评估。所有参与者回答正确率的全距是从 8/30 到 17/30，其中两名教职工的正确率最高（15/30 和 17/30）；然而，总体上 26% 到 56% 的正确率全距证实了参与者科研伦理主题的理解度不高。完成引导式自主学习的参与者（n =5），在预评估、后评估之间答案的正确率提高到了 76% 到 90%。一位未完成自主学习的参与者，其正确率由50%提高到了56%。鉴于样本数量太小，无法对这些研究结果进行推广，但数据表明，引导式自主学习的方法对奠定探讨科研伦理主题的基础大有裨益。

分析参与者的日志记录，以评估自主学习的教学策略是否得以实行。日志中的记录证明，自主学习有益于掌握负责任研究行为知识以及评估与工作的相关性。参与者一致认为，负责任研究行为的主题既涉及学术环境，也涉及商业环境；但他们也承认，两个环境下的惯例和期望有所不同。例如，学术环境下的合作关系较之商业环境下的合作关系，看起来更为随意。一位参与者指出：

> 商业合作由法律文件明文规定，由律师而非科学家充分讨论商业信用、工作内容、权利确认等问题后决定。

两种环境另一差异在于数据所有权。在商界，明确规定“所有的数据和记录属于公司”；而在学术界，数据所有权要根据很多不确定因素（例如外部资金）通过协商决定。

自主学习的过程促使参与者认真思考那些在评析案例材料后仍需在分组讨论中探讨的问题。参与者提出的问题有：“如今的研究中做了多少动物试验?”“导师究竟在实际的研究过程中发挥了多大程度的指导作用?”“除生物科学领域外，存在与其相似的‘双重用途’问题吗?”

分组讨论。分组讨论涵盖了一系列问题，涉及职业伦理和科研伦理相关的各种问题，包括指导、导师培训、利益冲突、裙带关系、数据所有权、发明权、咨询协议、社会责任、组织文化、著作权、盗窃、间谍活动和协作。从学术和商业的角度来看，组成小组来讨论负责任研究行为，有助于学习科研伦理的实践方式及其产生的独特挑战。以下摘录的对话示例，反映了出版实践方面参与者对学术和商业环境差别的体验和理解。

> 雇主：“任何一家做研究的公司都有支持出版的动力，……但还有几种力量反对出版，这是一种有趣的、充满活力的现象。简单的答案就是，我们从不出版。……这是一场激烈的争论，因为出版物的好处是无形的，而潜在成本通常是有形的。”

形成性评估。几个分组讨论后进行反思写作任务，其目的是让参与者评估他们对科研伦理主题的理解，让项目工作人员通过对话和自主学习方法对学习进程提供额外的反馈。对参与者的描述进行分析，以了解他们是如何思考主题的，他们是否使用了所学知识，参与这一模块后他们是如何认识自己的责任的。以下例子展示了参与者在讨论主题时是如何思考或是如何表现的：

> 学生：在此期间，我写了几篇论文，对著作权进行了一些讨论。阅读帮助我建立了一个平台，支撑我的论点。这是一个我此前从未讨论过的话题，我很高兴讨论这个主题。
>
> 雇主：我很期望能讨论这个问题——下次与第三方学术机构建立合作关系时，我是否应该再次指导研究生。
>
> 学生：我和我的导师简要地讨论了我为［雇主名称］工作的另一个项目中产生的利益冲突问题。她认为我们没有财务冲突，但有泄漏代码的问题。经过一番讨论，她意识到不同的项目区别很大，而我在［公司］的时间完全是自愿的。

另一个例子表明了一位雇主注重增进交流。这位雇主在公司中通过“午餐与学习”计划，增进了有关科研伦理和职业伦理方面的对话。

案例构建。案例构建任务共构建了共计 20 个案例研究，反映了生物技术产业、医学物理学和环境科学领域中职业伦理维度。分组讨论期间提出的案例包含了复杂的伦理问题，描绘了贯穿学术界和商界的真实伦理挑战，涉及知识产权所有权、数据完整性、动物保护、双重用途、人力资源和咨询冲突。很多案例还包括对当事人采取的行动、当事人承担的结果和义务的分析。在此次负责任研究行为教育示范中，整合合作项目任务是一种有效的教学策略，而案例研究则可作为相关行业科研诚信的教学资源。

教育意义的讨论

教学内容。通常与负责任研究行为相关的主题（例如数据管理、合作、利益冲突）可作为有效的探究起点，探究在学术和商业背景下，二者惯例和标准的异同。

教学过程。教学策略（例如，自主学习、参与者主导的引导式讨论、反思写作、实例推理）旨在使参与者无论身处学术还是商业背景，都积极地对工作中的伦理维度进行批判性思考和讨论。四门专业理学硕士课程的课堂实地测试，证明了这些策略行之有效。我们需要通过其他的教育研究来确定，在影响科研诚信的所需知识、态度和行为方面，以学习者为中心的调查是否与短期和长期的学习成果有关。

学习理论。本项目中使用的教学技术回顾性分析，评估与布朗斯福德等人提出的观点（2000）的相符程度。评估相符程度基于以下三方面内容：（1）参与者探讨他们先入之见的机会；（2）充足的用以评析的事实信息；（3）以理解和将信息转化为实践的能力为重点，在整个过程中形成性评估的内容。虽然课程设计并没有考虑《人是如何学习的：大脑、心理、经验及学校》一书的视角，但很明显，教学中纳入了若干策略，以促进参与者的终生学习。对指导人员指南的进一步修订包括更有意地将学习成果与教学和评估联系起来。

结论

这门课程的初始理念是将负责任研究行为培训引入专业理学硕士实习经历中，并使学术领域和商业领域的导师参与讨论，探讨在一个特定的商业或行业领域，通常该如何树立科研伦理。涉及测试“实习模式”的三个课堂实地测试中，其中一个是将课程置于课堂背景下。由于个人的时间限制、兴趣和日程安排各异，如何实施“实习模式”的可行性是最具挑战性的。基于这种反馈，指导人员指南《教授负责任研究行为：专业理学硕士学位课程的资源指南》经过修订，为专业理学硕士教师提供了指导，告诉他们如何将以学习者为中心的调查技术纳入职业伦理和科研伦理课程中。为增加硕士项目中对负责任研究行为课程的接受程度，我们地区级和国家级会议中已开设了四个针对硕士导师的培训工作坊。

参考文献

America COMPETES Act (2007). America creating opportunities to meaningfully promote excellence in technology. *Education and Science Act*, H. R. 2272, Sections 6002 and 7009.

Bransford, J. D., A. L. Brown and R. R. Cocking (eds.) (2000). *How People Learn: Brain, Mind, Experience, and School* (expanded ed.). Washington, DC: National Academies Press.

Creswell, J. W. (2009). *Research Design: Qualitative, Quantitative, and Mixed Methods Approaches*, 3rd edn. Thousand Oaks, CA: Sage.

Lynch, C., E. Babco and N. Vincent (2009). Affiliation as a Professional Science Master's (PSM) program. *Communicator: Council of Graduate Schools*, 42 (9), 1-7.

Lynch, C. (2011). History of the development of the Professional Science Master's degree. *Communicator: Council of Graduate Schools*, 44 (8), 32.

National Professional Science Master's Association (NPSMA) (2012). Overview of the NPSMA and PSM Degree. Available at http://www.npsma.org/ (accessed on 3 March 2012).

National Science Foundation. (2009). Responsible Conduct of Research. Federal Register, 74 (160), 42126 - 42128. Available at http://edocket.access.gpo.gov/2009/E9 - 19930.htm (accessed on 17 February 2013).

Steneck, N. H. and R. E. Bulger (2007). The history, purpose, and future of instruction in the responsible conduct of research. *Academic Medicine*, 82 (9), 829 - 834.

Teitelbaum, M. S. and C. Lynch (2010). Needed: Support for Professional Science Master's degree programs (August 15, 2010). *The Chronicle of Higher Education.* Also available at http://chronicle.com/article/Needed-Supportfor/123906/ (accessed on 20 September 2010).

（赵玙璠　译）

• 第 30 章　德国“良好科研行为”课程教学与发展

海尔格·诺尔特　麦克·戈美尔　格琳德·施蓬霍尔茨[①]

20 世纪 90 年代，德国出现许多严重科研不端行为，之后，德国科学研究基金会发布《保障良好科研行为的建议》备忘录（DFG，1998）。[②] 该备忘录对所有的德国科学基金会成员及其支持的机构都具有约束力。在对备忘录进行第二次意见征集后，德国研究机构与高校共同制定了一系列行为准则和规章制度，以维护良好科研行为。此举的主要目的之一在于防范科研不端行为。但是，只有少数人要求开设负责任研究行为的课程，对相关课程的需求量并不大。

2007 年，德国科研监督协会会议召开后，德国科学家监察员提议在科学和医学领域开发实施“良好科研行为”课程。2009 年 10 月，首个德语版课程内容发布，2011 年英文版问世。[③] 同年，德国多起严重学术剽窃事件被揭露，自此，对负责任研究行为的相关课程和研讨会的需求持续大幅上升。2012 年，德国科学基金会要求扩充该课程体系。我们此次开发的新版课程内容适用于所有学术领域，相应的英文版将在不久后面世。2012 年版的课程内容和教学建议与 2009 年版[④]的内容基本相似（Sponholz，2011，2012），另外增加了人文学科、工程学和社会科学的相关内容。

---

① 海尔格·诺尔特（Helga Nolte），德国科学研究所（Coach In Science）；麦克·戈美尔（Michael Gommel），德国系统医学及体制伦理学研究所（Institut für systemische Medizin-und Organisationsethik）；格琳德·施蓬霍尔茨（Gerlinde Sponholz），德国医学及体制伦理学研究所（Institut für Medizin-und Organisationsethik）。——译注

② 该备忘录有德语版和英语版，下载网站 http://www. Dfg. de。

③ 德国科研监督人员的相关信息以及该课程有不同版本，下载网站 http://www. ombudsman-fuer-die-wissenschaft. de（2014 年 12 月 24 日）。

④ 该课程在新加坡举办的第二届世界科研诚信大会上发布。

该课程的主要目标有以下几点：形成并提高科学家负责任的职业行为能力，鼓励学生探讨科研体系准则、体系内部问题和可能的解决方案，同时促进“良好科研行为”主题成为日常研究内容。

教学活动

自 2009 年 10 月首个课程内容发布起，我们团队（格琳德·施蓬霍尔茨、麦克·戈美尔和海尔格·诺尔特）多次应邀开设“负责任研究行为”的相关讲座，讲授简要入门课程，开展为期两天的专题研讨会（参见表 30-1）。

表 30-1　为期两天的负责任研究行为专题研讨会的需求呈上升趋势

年份	研讨会数量
2009	2 个
2010	6 个
2011	16 个 *
2012	41 个
2013	31 个（7 月底，新增 17 个）
2014	19 个（截至 2013 年 7 月的计划数）

* 2011 年春，德国国防部原部长学术剽窃事件被揭露后，对研讨会的需求激增。

上述活动的参与者主要是科学、工程及医学专业的博士生，大部分为研究生院学生。其中，专题研讨会的部分参加者是硕士生或博士后，并有少数并非攻读博士的学生、年轻研究人员和外校博士生。我们所提供的许多课程具有跨学科性质，融合多学术领域以及多学术层次。我们对于部分学生的出勤情况有强制性规定，以后将会对更多的学生有这方面的要求。

课程内容与课程目标

根据本课程目标，学生须学习良好科研行为的规定、定义、伦理原则和价值观、科研不端行为的定义。通过学习，学生能分辨出科研不端行为和可疑行为，并有能力妥善处理相关冲突。在案例分析中，课程会涉及数据管理、作品署名和宣传过程，指导行为、导师职责和学生职责，以及利益冲突和学术合作。该课程推崇的教学方法是，以小组的形式对问题进行学习，并进行全体讨论。同时，为了让学生学习德国科研监督体系，我们邀请当地科研监察员参与专业知识讨论，并让他们与学生面对面交流。课程的另一个主要目标是，让每位学生明确自己作为未来的研究人员以及研究人员同事的定位，同时，明确科学研究人员的职责。

为鼓励学生积极参与课程，我们十分重视创造开放可靠的学习环境，并组织学生讨论科研保密和尊重科研等规章制度，让每位学生都有畅所欲言的机会。因此，我们鼓励学生结合自身科研经历，就科研行为规范和科研不端行为表达各自的想法。

研讨会过程概述

在参加研讨会之前，大多数学生未曾接受过相关专业指导，但都对科研行为规范有着或多或少的不同的现实看法。但是，对于官方、地区、国家或国际层面就维护科研行为规范所制定的法规，只有少数学生有所了解。由此可见，良好科研行为是科研人员在日常的科研生活中较少谈及的话题。我们发现以下主题存在缺陷：专业数据管理、作品署名规范以及负责任研究行为中矛盾的处理方式。

许多学生结合科研不端行为和自身科研经历，认为真相往往是“遮遮掩掩”，当事人仍然逍遥法外。研讨会上，学生对课题负责人或指导老师提供的反面教材进行讨论，他们甚至认为有的反面教材是“常见的做法”，这对学生产生了一定的影响。博士后在科研体系中是具有丰富经验的一群人，因此，他们经常想要证明一些值得商榷的科研行为是符合科研规范的。其中一位博士后学生便试图维护科研不端行为，他认为“与百年前相比，现代人的寿命更长”——医学领域的进步和成功不言而喻，科研不端行为无关紧要。其他人则认为，人们所能看见的科研不端行为仅仅是“冰山一角”，同时也怀疑科学共同体的利益在发生根本变化。此外，这些博士后通常认为自己完全依赖于导师或整个等级制度，作为“链条中最薄弱的一环”，对促进学术反思感到无能为力。

尚未攻读博士学位的学生则经常对上述话题感到不安，他们担心对科研不端行为了解过多会降低自身对工作团队的信任感。

我们对学生的态度有所了解之后，认为有必要为学生指出默许学术违规的后果：这既可能影响个人学术事业，也会影响整个学术文化。本课程的一个重要部分在于，对科研行为的基本价值观和基本规范进行反思，同时，促进年轻研究人员增强对科学和研究人员的社会信任，并平衡其自身的责任。我们为学生讲解“良好科研行为”规范，以加深其对潜在冲突的认识，同时激励学生遵守科研规范。此外，我们会为学生提供相关信息和有效建议，帮助他们处理日后可能涉及的科研不端行为——学生既可能是受害者，也可能是同谋或者当事人。因此，一方面，我们让学生充分了解科研不端行为的风险和灰色区域，另一方面，我们也给予年轻研究人员支持和鼓励，二者的平衡是十分必要的。

1999年，德国科学研究基金会发布备忘录（参见《保障良好科研行为的建议》第5条和第16条），德国监察体系开始实施，但是大多数年轻研究人员对地方监察体系并不了解，从事其他行业的人员更是一无所知。

过去三年，我们观察到科学研究领域对负责任研究行为课程的态度发生了转变。对负责任研究行为课程的抵制日益减少，同时越来越多的机构愿意提供相关课程。科研不端行为的案例，使得许多科研机构要求为学生和年轻研究人员提供负责任研究行为的培训。随着学生参加负责任研究行为的相关培训越来越具有必要性，相关科研机构和大学，尤其是许多研究生院，正在为学生寻找教学机会。然而，德国能够开设负责任研究行为课程的教师人数较少，难以满足迅速增长的教学需求。

本章的三位作者是负责任研究行为课程的独立外聘教师，接受课程预约，并获得报酬。这种方式的优点在于师生之间不存在相互依赖关系，可进行开放沟通。但是，此类培训的外包形式也有缺点：这可能被解读为该机构仍有意和管理科研不端行为的教育计划保持距离。目前，许多大学院系要求博士生参加此类研讨会，但是负责任研究行为课程应被列入所有学术研究的想法，仍未得到普遍认可。

对研究生成功进行负责任研究行为教学的要求

对人文学科的学生而言，我们认为为期一天的负责任研究行为研讨会（10个小时的上课时间）较为合适，在此期间学生可以获取信息、提高敏感度并锻炼能力；而其他学科的学生，则需要为期两天的研讨会。根据经验，最为理想的组员人数是10人至16人。

在学生学习过程中，教师起着促进作用，因此，教师须营造一种令人信赖且思想开放的学习氛围。教师可以灵活采用多种教学方法，包括案例展示、小组活动、全体讨论以及知识讲解和总结。

我们认为，不同学科的学生一起上课，可以取得更好的教学效果；尤其在这样的课堂中，学生的交流讨论通常十分热烈生动。然而，我们在研讨会上使用的案例并不是同时适用于社会科学和人文学科的学生。我们有时会看到，对于不同教育层次的学生，具备较长实践时间的学生比经验不足的学生更有优势，并且这些经验丰富的学生更不愿意质疑自身的行为（不正当行为）。与之相比，缺乏经验的学生则不愿或害怕表现出自己知识的欠缺。但正因为如此，在研讨会上，我们会花大部分时间针对学生的自身经验就科研行为、科研不端行为和可疑行为进行交流。我们认为，学生很少有机会能开放真诚地交流日常科研生活中的个人经历，因此，这样的讨论具有重要的意义。

此外，相关专家、科研监察员或伦理审查委员会的成员也会出席研讨会，学生对此也表示赞同；因此，我们通常会邀请他们其中至少一人，分享他们的工作和相关经历，同时解答学生的问题。

参加研讨会的学生发现，课程内容和日常科研实践之间存在矛盾，在不久之后，学生可能会提出一项倡议："不仅是我们，我们的导师或者教授也应该来参加课程，开始学习科研实践规范！"因此，为了让每个教育层次的人都能防范科研不端行为，我们为培训教职工人员开发了教师培训项目。我们的主要目标在于，让德国有更多的教师可以讲授负责任研究行为课程，创建全国乃至全欧洲的负责任研究行为的教师体系，并开发便于研讨会使用的德语教学材料。但是，这项计划起步较晚：2013 年 4 月，我们的首批教师培训项目在德国刚刚启动。

参考文献

DFG（1998）. *Sicherung Guter Wissenschaftlicher Praxis.* Denkschrift. Weinheim：Wiley-VCH（German Research Foundation，Safeguarding Good Scientific Practice）.

Sponholz，G. （2011）. Curriculum "Good Scientific Practice" for Courses in Science and Medicine. Available at http://www. ombudsman-fuer-die-wissenschaft. de/fileadmin/Ombudsman/Dokumente/Downloads/Curriculum/German_Curriculum. pdf(accessed on 24 October 2014).

Sponholz，G. （2012）. A curriculum for RCR training in Germany. In *Promoting Research Integrity in a Global Environment*，T. Mayer and N. H. Steneck（eds.），217 – 220. Singapore：World Scientific Publishing Co.

（郑杉珊　译）

• 第31章　作为科研伦理学习之所的大学①

艾瑞卡·洛夫斯特罗姆　敏卡·里萨宁②

本研究主要是从大学生科研伦理技能以及他们所处的大学学习环境这两个角度探究大学生的伦理敏感性。87名主修行为科学（教育学与心理学）的学生参与了问卷调查，该调查包括三个短片以及关于移情、社会化、伦理学习环境方面的测量。调查发现，专业实践和制度的社会化与研究过程中是否能够识别伦理问题的能力有一定关系，学生如果已经为自己“设定”好一定的标准和价值观，便会坚定不移地将其付诸实践。

大学学习环境中的伦理敏感性

大学的任务之一是培养学生掌握所学专业的伦理标准以及相关程序。除正式课程的学习之外，学生还可以通过对老师的观察与师生互动等形式进行学习（Kitchener，1992）。伦理环境（Robert 等，2001）影响学术团体成员进行（不）符合科研伦理行为的意愿，这也说明了情境因素在学习科研诚信中的重要性。本研究试从学生的伦理环境体验、感知社会化等情境因素，探讨大学学习环境，例如，大学的伦理环境与科研不端行为之间有着密切联系（Anderson 等，1994），说明学术团体的成员采取了所处环境的行为特征。

如果不能认识到一定情景下的伦理层面，便无法解决任何伦理难题。这种

---

① 本章是“在社会科学领域教授和学习学术诚信：大学教育法”研究项目的一部分，由芬兰科学院基金赞助，项目编号为252813。本章详尽版《“学生”科研伦理能力与作为学习之所的大学》，作者敏卡·里萨宁和艾瑞卡·洛夫斯特罗姆，发表于《国际教育诚信期刊》。

② 艾瑞卡·洛夫斯特罗姆（Erika Löfström）、敏卡·里萨宁（Minka Rissanen），芬兰赫尔辛基大学（University of Helsinki）。——译注

能够在一定情境中识别出潜在伦理困境的能力便称为“伦理敏感性”。伦理敏感性并不是非得强调出现实际的伦理问题或冲突，而是触发人们进行伦理决策的关键步骤，因为对所处情况的理解为随后的思维过程奠定了基础（Butterfield 等，2000）。

勒夫斯特伦（2012）发现伦理问题意识和专业社会化之间存在着正相关。专业社会化，也就是人们学习相关专业的规范和价值观的过程，超越了组织边界（Sparks & Hunt，1998）。人们实践某个群体的价值观、规范与规则的过程被称为“组织社会化”，同时，组织社会化与伦理敏感性也存在着正相关（Sparks & Hunt，1998）。

此外，“移情”可以帮助人们在伦理问题上给自身定位（Claypool & Molnar，2011）。移情是指一种对他人所处情景的情感反应，也就是设身处地感受他人的情感。认知（换位思考）和情感（情绪感染）这两种维度都是移情所固有的。研究发现，移情的认知部分（如，换位思考）和伦理敏感性有着正相关（Sparks & Hunt，1998；Lofstrom，2012），这表明伦理敏感性和伦理推理可能主要是认知功能。

认识了伦理敏感性的重要性、移情与伦理敏感性的关系以及环境的作用之后，我们提出了以下研究问题：（1）行为科学领域的本科生和研究生在研究中对伦理问题如何认识？（2）移情和情境变量（即社会化与学习环境感知）与学生识别伦理问题的能力关系如何？（3）这些变量能够预测出学生识别伦理问题的能力吗？

研究方法

本研究通过三个短片（一个来自 Zucchero，2008，另两个为本研究原创设计）来探讨伦理敏感性。我们要求学生在每个短片中找出三个伦理问题，一共三个短片，九个问题，满分为九分。社会化和移情采用斯帕克斯和亨特（1998）的两个工具进行测量，勒夫斯特伦把这两个工具改编成大学和行为科学背景。学生对学习环境伦理方面的认知则采用安德森和路易斯（1994）的测量工具进行测评。测评指标包括：竞争、团结和个体主义。这些与“大学生伦理环境指数”的项目相补充（Schulte 等，2001）。该研究的统计分析包括主成分分析和克朗巴哈 α 系数（参见表 31-1）、相关性、t 检验、方差分析以及回归分析。

此次调查的样本为芬兰一所研究型大学里主修心理学与教育学的研究生和本科生，样本容量为 87 人。我们向所有心理学专业和教育学专业的学生（971 人）发出自愿参与此次实验研究的邀请，但只有 9% 回应参与。

表 31-1　分量表的克朗巴哈 α 系数及描述统计

分类表	α 系数	均值（标准差）
价值观社会化	0.75	3.7（0.8）
实践社会化	0.63	3.6（0.7）
换位思考	0.72	4.3（0.5）
情绪感染	0.70	3.7（0.7）
主动的学习环境	0.77	3.7（0.6）
被动的学习环境	0.81	2.5（0.6）

研究结果

总体而言，学生至少能够发现半数伦理问题。短片的得分标准差非常高，说明学生的得分差异很大（参见表 31-2）。

表 31-2　学生三个短片的得分

短片	得分全距	均值（标准差）
1	0—3	1.81（0.87）
2	0—3	1.60（0.68）
3	0—3	1.53（0.67）
合计	0—9	4.93（1.56）

学生移情、对学习环境的感知和识别伦理问题的能力都不存在显著相关；然而，第三个短片中可发现学生行为社会化和识别伦理问题能力之间存在着显著的正相关（参见表 31-3）。用回归分析进一步检验。从回归模型（$F[2,83]=4.955$，$p<0.01$，$R^2=0.09$）中可以看出，实践社会化程度越高，学生在第三个短片中的得分便越高。

表 31-3　社会化成分与短片的相关性

社会化	短片 1	短片 2	短片 3
价值观社会化	0.015	0.039	0.222*
实践社会化	0.113	0.191	0.323**

$*p<0.05$，$**p<0.01$

讨论

学生能够发现平均至少一半的伦理问题，说明学生对研究活动中的伦理敏感性相对较好。损害或有可能违反行为规范会激发人们的伦理意识（Reynolds，2006），第一个短片中违反伦理准则的行为最清晰明确，所以学生们得分最高。

伦理敏感性、移情和大学学习环境中的伦理学习经历之间并不存在显著的相关。然而根据前人研究（Sparks & Hunt 1998；Loftstrom，2012），伦理敏感性和移情之间可能相关。学生或许是从理性分析的角度来看这些短片，因为他们在学习调查研究和方法论时可能会提倡用这种分析方法。与前人研究（Loftstrom，2012）一致的是，大学学习环境中的伦理学习经历和伦理敏感性并不相关。学生如何在学习中处理伦理冲突的问题，还需要进一步研究。

机构实践的社会化在第三个短片中能够预测伦理敏感性。该片中，损害或有可能违反行为规范的行为最不易被发现，因此短片三最能够区分出伦理敏感性较高和较低的学生。这说明学生如果已经为自己设定好伦理标准和价值观并且付诸实践的话，他们在实际生活中有一定识别伦理的方法。

需要提醒读者的是，本研究样本容量较小，学生回应率较低。我们还需要对没有参与调查的学生的伦理敏感性和学习环境的经验进一步调查研究。

参考文献

Anderson，M. S. and K. Louis（1994）. The graduate student experience and subscription to the norms of science. *Research in Higher Education*，35，273 – 299.

Anderson，M. S.，K. S. Louis and J. Earle（1994）. Disciplinary and departmental effects on observations of faculty and graduate student misconduct. *Journal of Higher Education*，65，331 – 350.

Butterfield，K. D.，L. K. Treviño and G. R. Weaver（2000）. Moral awareness in business organizations：Influences of issue-related and social context factors. *Human Relations*，53，981 – 1018.

Claypool，T. and T. Molnar（2011）. Empathy and Ethics：A Conversation Between Colleagues. *Our Schools*，*Our Selves*，20，175 – 185.

Kitchener, K. (1992). Psychologist as teacher and mentor: Affirming ethical values throughout the curriculum. *Professional Psychology: Research and Practice*, 23, 190 – 195.

Löfström, E. (2012). Students' ethical awareness and conceptions of research ethics. *Ethics and Behavior*, 22 (5), 349 – 361.

Reynolds, S. J. (2006). Moral awareness and ethical predispositions: Investigating the role of individual differences in the recognition of moral issues. *Journal of Applied Psychology*, 91, 233 – 243.

Roberts, G. C., M. Kavussanu and R. L. Sprague (2001). Mentoring and the impact of the research climate. *Science and Engineering Ethics*, 7, 525 – 537.

Schulte, L. E., F. Thompson, K. Hayes, J. Noble and E. Jacobs (2001). Undergraduate faculty and student perceptions of the ethical climate and its importance in retention. *College Student Journal*, 34, 565 – 576.

Sparks, J. R. and S. D. Hunt (1998). Marketing researcher ethical sensitivity: Conceptualization, measurement, and exploratory investigation. *Journal of Marketing*, 62, 92 – 109.

Zucchero, R. A. (2008). Can psychology ethics effectively be integrated into introductory psychology? *Journal of Academic Ethics*, 6, 245 – 257.

（邹梦芸　译）

第六部分

诚信与社会

在促使第二届世界科研诚信大会（2010 年）采纳《科研诚信新加坡声明》所进行的讨论期间，大家就第 14 条责任（SS14）——社会考量（Societal Consideration）——对于一份关于诚信的声明来说是否合适产生了一些分歧。有些人觉得“社会考量”一词过于宽泛，与科研所进行的活动没有直接关系；有些人则认为这很有必要，不能忽略。借助本部分各章将继续这场讨论，并通过几个例子看看不同机构是如何促进科研中社会责任的。

马克 · S. 弗兰克尔对科学和社会之间越来越复杂的关系进行了评论，为第 14 条的讨论搭建了背景。承认这种关系的重要性并不是新话题，更为迫切的是需要解决它，尤其是在生物科学快速发展的时候。制造致命病毒来控制害虫数量以及那之后的流感和 H5N1 一类的研究，无疑让我们对科学的双重用途——好坏皆有——不能忽视，尤其是对那些进行双重用途研究的科学家来说。

这个背景直接产物就是第三届世界科研诚信大会为了评论第 14 条所进行的讨论的概述。讨论参与者同意第 14 条所引发的事项中有许多并不新鲜。他们也把一些分歧归结为对第 14 条的不同解释、未来预测的不确定性以及讨论参与者在谈论社会影响时所持的不同价值观和视角。为了调和这些差异以促进更有成效的对话，他们强烈要求进行“更广泛、更坦诚和透明的对话”。

本部分其余的文章探讨了一些具体例子，涉及社会责任是否通过各种专业组织得到培育的途径。尼古拉 · J. 奥斯本就学术期刊政策对研究中负责任地使用动物所给予的关注进行了重新分析，聚焦于那些根据动物研究发表了 4 篇或更多研究论文的学术期刊。在迄今所重新分析的 385 条学术期刊政策中，大约有 1/4（99 条）并没有提及动物。这说明和此前分析中的 40% 相比有了改善。这个发现加上动物相关政策质量的总体改善，表明期刊发表动物研究论文时的社会责任感正在提高，但仍然还有很长的路要走，直到高质量的政策在所有发表动物研究的学术期刊中到位。

西尔维亚·皮泊罗尼、皮特·勃朗斯基和基斯泊·狄·卡布拉在汇报地球伦理学这一新领域的发展时，描述了在科研中促进社会责任感考量的第二种做法。在这个案例中，新成立了一个名为国际地球伦理学发展促进协会（International Association for Promoting Geoethics，IAPG）的组织，它附属于更大规模的国际地球科学联合会（International Union of Geological Scienes，IUGS）。为了帮助地质科学家考虑其社会责任感（第 14 条），国际地球伦理学发展促进协会对地球伦理学进行了定义，明确阐述了地质科学家必须参与社会事务的责任，确立了评估不同情况的标准。

西尔维亚·罗阐述了由国际生命科学学会（International Life Sciences Institute，ILSI）北美分会为了阐明关键社会责任所做的类似努力，此案例聚焦于公共健康研究中的公共—私人—政府三方合作伙伴关系及利益冲突。该案例中的冲突包括偏袒行为，这在涉及公共利益时尤为重要。在对这些偏袒行为进行审查之后，国际生命科学学会继续为在公共/私人研究中管理利益冲突、建立并管理公共/私人合作的最佳实践、良好科学实践的具体原则等提供指导意见。

在本部分的最后一篇文章，娜奥米·史密斯·达维塔克描述了澳大利亚在关于煤层气勘探的辩论中，是如何解决关于社会责任的争议的。为了找出所需的科学依据但与此同时又要维持公众的信任，澳大利亚设计了不同的公共/私人/大学合作伙伴关系。达维塔克称这种合作伙伴关系如果管理得当的话，可以同时满足科学诚信和研究诚信两方面的需要。

专家讨论第 14 条时所做的建议中添加了这些案例，为科研人员和专业团体提供了绝佳范例，使他们可以以《科研诚信新加坡声明》所提供的基本框架为基础，帮助“科研人员和研究机构……意识到自己负有权衡社会利益与其工作中固有风险的伦理责任”。

尼古拉斯·斯特耐克

• 第 32 章 科研诚信与社会责任的交集

马克 · S. 弗兰克尔[1]

科学家有两项基本责任：(1) 职业责任，即按照公认的科学标准和实践，进行研究并形成研究报告；(2) 面向更广阔社会的社会责任。2010 年 7 月，第二届世界科研诚信大会在新加坡召开，与会人员起草了一份《科研诚信新加坡声明》。该声明于同年 9 月定稿，其中包含以下条款：14. 社会考量：科研人员和科研机构应当意识到自己负有权衡社会利益与其工作中固有风险的伦理责任（《科研诚信新加坡声明》，2010）。会上有不少关于"社会考量"是否属于科研诚信声明范畴的辩论，但大部分人认为这一考量确实属于声明的范畴。

本章的写作目的在于强调科研诚信背景下科学家职业责任和社会责任之间的联系。这种联系比人们最初想象的更为强烈；事实上，我认为二者之间的联系是不可避免的。在讨论这一联系之前，我想首先简要回顾一下，为什么说科学家的社会责任在伦理上体现为其与更广阔的社会之间的关系，而他们在这样的社会中开展研究，其研究成果也作用于社会。

科学与社会的关系

现代社会相当重视科学探索的价值，科学家在大多数情况下都享有极高的声誉。人们认识到了专家知识的强大力量及其对自身生活的影响。虽然人们常把科学视为回答复杂问题的权威，但也意识到，它的影响并不总是受人欢迎。科学已经不可避免地和重大政治、社会、军事以及经济利益交织在了一起。与

---

① 马克 · S. 弗兰克尔（Mark S. Frankel），美国科学促进会（American Association for the Advancement of Science）。——译注

以往相比，越来越多的利益相关者察觉到了科学研究和他们的核心关注点之间的关系，竞相对科学提出各种不同的要求。正如英国科学家迈克尔·吉本斯写的那样，“科学和社会……已经相互入侵了对方的领域，二者之间的界限几乎已经消失。……专家必须应对不再是纯粹科学和技术方面的问题，他们面对的受众也不再仅仅由其他专家组成，……现在的科学必须对一系列更为广泛的社会意义保持敏感。”（Gibbons，1999）

具体而言，许多国家也愈发意识到科学对一个国家在全球经济中的位置至关重要，并希望借助科学（和技术）提高自身的经济竞争力。因此，大量的公共资金被用于投资科学研究，而国民也理所应当地期待投资的回报。国家的政策决定常常以科学知识为依据；为了确保制定的政策行之有效，社会向科学家征求明智的、（所谓）客观的意见。最终，公众意识到，寻找和利用知识的过程对他们自身和周围的环境并非没有影响，进而对科学家及其所在的机构提出了更高的责任要求。基于以上原因，科学家在伦理上对受其工作影响（无论好坏）的人负有责任。

科研诚信背景下科学家职业责任和社会责任的交集

社会责任和科研诚信之间的联系最早出现在《科研诚信新加坡声明》的序言中，其中提到“研究的价值和效益主要取决于科研诚信”。换句话说，科学的期望效益要求研究必须依照公认的科学及伦理标准进行。也就是说，为了履行自身的社会责任（例如造福社会），科学家进行研究和形成报告时必须遵守最为严格的伦理标准。

在《科研诚信新加坡声明》之前，一些更为强有力的声明就非常明确地表明，全球科学界已经认识到所有的研究活动都具有社会和职业两方面的责任。这里举两个例子。第一个例子来自 1974 年联合国教科文组织的一份文件，其中声明“科学研究者……有责任，也有权利确定其采用的（研究）方法在人道、社会和生态上都是可靠的”（联合国教科文组织，1974）。以人类和动物为研究对象的科研人员早就接受了这一事实，明确知道自己使用的研究方法必须符合保护研究对象福利的社会政策。最近，与环境和国家安全责任相关的更为广泛的责任已经对科学家的研究方法产生了影响。第二个例子比较新，取自 1999 年布达佩斯世界科学大会上通过的《科学与利用科学知识宣言》。宣言指出“科学家的社会责任要求他们保持科研诚信和质量控制的高标准”，从科学家的社会责任和科研诚信之间的关系来看，这一观点不需要进一步解释。

双重用途研究：发表生命科学研究成果

科学家普遍认为，科学研究中的信息交流有两大关键作用。首先，信息交流过程中，科学家的科研工作得到了同行的审查，从而促进学术诚信；其次，交流信息让其他科学家能够以新的研究成果或创新方法为基础进一步开展学术研究，推动科学进步。为了保证科学研究的诚信，研究人员必须公开其得出特定结论所用的研究方法和工具等事项。但也许有人会提出，公开此类信息可能会帮助其他人得出类似的结果，用于不法用途，因此，为了避免此类情况的发生，特定研究信息不宜大范围公开。这些看法非常敏锐地抓住了生命科学研究双重用途之间的矛盾，即出于合法的科学和医学研究目的开展的研究，在有意无意间可能会对公众健康、农业、动物以及环境造成广泛的伤害。下文提到的例子说明了科学家的社会和职业责任在科研诚信方面的联系。

本章案例首次引起广泛关注是在 2011 年，但生命科学研究成果发表带来的问题最早要追溯到 2001 年初《病毒学杂志》上发表的澳大利亚的一项研究（Jackson 等，2001）。研究人员报告称，为了研究人口控制，他们试图研发一种老鼠用避孕法。这一过程中，他们制造了一种比自然界中发现的病毒更为致命的基因工程病毒，这种病毒甚至可以杀死接种过疫苗的老鼠。论文作者设想，这一技术能够用于增强天花病毒的毒性，使其比目前人类感染的病毒更为致命。批评者认为，论文中描述的技术不应该以这种能够被公开获取的方式发布，而研究人员则辩解说，此类信息对于相关研究以及开发有效措施应对致命病毒释放的工作而言，都十分重要。这篇论文引发了全球学界的讨论，最终以一流科学期刊于 2003 年发表的一篇声明告终："我们承认，编辑有时可能会认为发表某些论文的潜在危害大于其潜在的社会效益。这种情况下，应该对论文进行修改或不予发表。"（Editorial，2003）

随后，这场风波逐渐平息，渐渐淡出公众视野。直到 2005 年，《分析食品供应遭遇的一场生物恐怖袭击：牛奶中的肉毒杆菌毒素》一文即将发表，引起了美国政府的注意（Wen & Liu，2005）。美国卫生与公共服务部负责公共卫生应急预案的助理次长在给美国国家科学院出版社的信中写道，这项研究"是指引恐怖分子犯罪的路线图，其发表不符合美国的国家利益。……因此，请拒绝发表"（Simonson，2005）。出版社拒绝了这一要求，认为"坚持科学开放性带来的强大优势，以及特定成果的发表可能给国家安全带来的危害，二者之间必须……有一个权衡"，并总结说"这篇文章中所有可能为恐怖分子所利用的关键信息”在互联网上很容易就能搜索到（Alberts，2005）。这引起了科学界对这一问题更加深刻的反思。2006 年，《科学》杂志发表了一篇标题颇具煽动意味的文章《学者应该自我监督以保证自己的研究成果不被恐怖分子利用吗?》（Bhattacharjee，2006）。

流感研究案例

以此为背景，2012 年，两篇关于 H5N1 禽流感研究的论文被提交给出版社申请发表，引起了国际轰动。两篇论文中提到研究人员人为制造病毒突变体，使得一种致命的鸟类病毒可传染给人类，对人类健康造成严重威胁（MacKenzie，2011）。由于这两项研究的资金均来自美国国家卫生研究院，美国国家生物安全科学咨询委员会（National Science Advisory Board for Biosecurity）于 2011 年 10 月被要求审核这两篇论文。该委员会成立于 2004 年，由美国政府组建，负责“领导双重用途研究的生物安全监督，并为其提供建议和指导。所谓双重用途研究即出于合法科学目的开展、但可能被不法分子利用对公共健康及（或）国家安全造成威胁的生物研究”（Thompson，2004）。两个月后，委员会建议“突出新成果的一般结论可以发表，但论文内容不能包括实验方法和其他细节，以免不法分子借此复制实验结果，危害社会”（美国国家卫生研究院，2011）。然而，关于这一问题的讨论还未结束。

接受投稿的期刊大体上都同意校订文章的特定部分。但 2012 年 2 月，世界卫生组织召集流感和公共健康专家举行会议，与会人员一致赞同两篇论文的关键信息都不应删节，而应全文发表（Cohen，2012）。因此，美国国家生物安全科学咨询委员会于 2012 年 3 月召开会议，根据世界卫生组织会议的观点重新讨论了原先的建议。最终，会议虽然未能就其中一篇论文的发表意见达成一致，但仍建议两篇论文全文发表，不做删减（美国国家生物安全科学咨询委员会，2012）。

H5N1 研究和科研诚信——社会责任的交点

这一案例生动地展现了科学研究在论文关键部分中对科研诚信的挑战，即一些人认为该案例的研究方法“过于敏感，不能发表”，这就和科学界的一个主要价值观产生了矛盾——科学家发表研究成果时必须提供足够信息，这样同行（或其他人）才能对研究的可靠性进行评估，并以此为基础开展进一步研究。[①] 然而，由于学界内外将科学塑造成了为那些企图制造重大危害的恐怖分子引路的“路线图”，科学家承担的更广泛的责任也受到了热议。而反驳观点认为，完整地发表这两篇论文对公共健康研究的进步以及防范措施的开发都十分关键。

这些问题都十分复杂，本章的案例只是一个启发式的尝试，旨在展示科学家职业责任和社会责任的交集。科学家只有在研究过程中遵循公认的伦理标准和惯例，才能履行自己的社会责任；要想对社会履行更为广泛的责任，就必须在研究过程中遵守诚信，别无他法。我们并不能确定还有多少此类问题有待解决，但可以明确的是，科学家必须认识到，科研诚信不仅仅是在研究中保持诚实细心，而且还要考虑到自身工作的“社会”影响，否则解决这些问题的过程将变得更加艰难。

参考文献

Alberts, B. (2005). Modeling attacks on the food supply. Proceedings of *The National Academy of Sciences USA*, 102, 9737 – 9738. Available at http://www.pnas.org/content/102/28/9737.full.pdf+html (accessed on 25 October 2014).

Bhattacharjee, Y. (2006). Should academics self-censor their findings on terrorism? *Science*, 312, 993 – 994. Also available at http://www.sciencemag.org/content/312/5776/993.2.full (accessed on 25 October 2014).

Cohen, J. (2012). WHO group: H5N1 papers should be published in full. *Science*, 335, 899 – 900. Available at http://www.sciencemag.org/content/335/6071/899.full.pdf?sid=fe920031-35bf-4a26-9ea2-1cb17972f051 (accessed on 25 October 2014).

Editorial (2003). Statement on Scientific Publication and Security. *Science*, 299, 1149. Available at http://www.sciencemag.org/content/299/5610/1149.short.

Gibbons, M. (1999). Science's new social contract with society. *Nature* 402, C81-C84. Available at http://sciencepolicy.colorado.edu/students/envs_5100/Gibbons_1999.pdf.

Jackson, R. J., J. R. Alistair, D. C. Carina *et al.* (2001). Expression of mouse interleukin-4 by a recombinant ectromelia virus suppresses cytolytic lymphocyte responses and overcomes genetic resistance to mousepox. *Journal of Virology*, 75, 1205 – 1210.

① 限制发表的问题也引起了人们对科学自由的关注，但这些问题超出了本章讨论的范围。

MacKenzie, D. (2011). Bioterror fears could block crucial flu research. *New Scientist*, 17, 51. Available at http://www.newscientist.com/article/dn21195-bioterror-fears-could-block-crucial-flu-research.html#.UfAnpW3tqeg (accessed on 25 October 2014).

National Institutes of Health (2011). Press Statement on the NSABB Review of H5N1 Research. Available at http://www.nih.gov/news/health/dec2011/od-20.htm (accessed on 25 October 2014).

National Science Advisory Board for Biosecurity (2012). Findings and Recommendations. Available at http://oba.od.nih.gov/oba/biosecurity/PDF/03302012_nsabb_recommendations.pdf (accessed on 25 October 2014).

Simonson, S. (2005). Letter to Dr. Bruce Alberts. Available at http://www.fas.org/sgp/bush/hhs052705.pdf.

Singapore Statement on Research Integrity (2010). Singapore Statement on Research Integrity. Available at http://www.singaporestatement.org/statement.html (accessed on 25 October 2014).

Thompson, T. (2004). Charter National Science Advisory Board for Biosecurity. Available at http://webarchive.library.unt.edu/eot2008/20081105015406/http://www.biosecurityboard.gov/SIGNED%20NSABB%20Charter.pdf (accessed on 10 November 2014).

UNESCO (1974). Recommendation on the Status of Scientific Researchers. Available at http://portal.unesco.org/en/ev.php-URL_ID=13131&URL_DO=DO_TOPIC&URL_SECTION=201.html (accessed on 25 October 2014).

Wein, L. M. and L. Yifan (2005). Analysing a bioterror attack on the food supply: The case of botulinum toxin in milk. Proceedings of *The National Academy of Sciences USA*, 102, 9984-9989. Available at http://www.pnas.org/content/102/28/9984.full.pdf+html (accessed on 25 October 2014).

World Conference on Science (1999). Declaration on Science and the Use of Scientific Knowledge, Budapest, Hungary. Available at http://www.unesco.org/science/wcs/eng/declaration_e.htm (accessed on 25 October 2014).

（金 艳 译）

• 第 33 章　被当作对话意愿的社会考量——对《科研诚信新加坡声明》第 14 条的讨论

达妮埃尔·法内利　李维·K. 施奈斯　霍华德·杜沙姆　梅里·布洛克
盖瑞·康斯托克　迦太基·史密斯　英玛丘拉达·德·麦罗-马丁
苏珊·V. 奇默尔曼　马克·S. 弗兰克尔①

在第二届世界科研诚信大会上，几百名与会者就《科研诚信新加坡声明》进行了讨论和投票，基本来说，与会者对几乎所有方面都取得了共识，除了一点——《科研诚信新加坡声明》是否应该纳入关于社会责任的内容？由此展开了热烈讨论，最终导致《科研诚信新加坡声明》收录了第 14 条，这是一条总体性建议："科研人员和科研机构应当意识到自己负有权衡社会利益与其工作中固有风险的伦理责任。"（参见 http://www.singaporestatement.org/statement.html）这个呼吁似乎留下许多问题有待解答，并未提供太多实际意义上的指导。

① 达妮埃尔·法内利（Daniele Fanelli），加拿大蒙特利尔大学（Université de Montréal）；李维·K. 施奈斯（Leiv K. Sydnes），挪威卑尔根大学（University of Bergen）；霍华德·杜沙姆（Howard Ducharme），美国阿克伦大学（University of Akron）；梅里·布洛克（Merry Bullock），美国心理学协会国际事务办公室（Office of International Affairs，American Psychological Association）；盖瑞·康斯托克（Gary Comstock），美国北卡罗来纳州立大学（North Carolina State University）；迦太基·史密斯（Carthage Smith），法国国际科学理事会（International Council for Science，ICSU）；英玛丘拉达·德·麦罗-马丁（Inmaculada de Melo-Martin），美国威尔·康奈尔医学院（Weill Cornell Medical College）；苏珊·V. 奇默尔曼（Susan V. Zimmerman），加拿大负责任研究行为秘书处（Secretariat on Responsible Conduct of Research）；马克·S. 弗兰克尔（Mark S. Frankel），美国科学促进会（American Association for the Advancement of Science）。——译注

为了更深入地探讨这个问题，在加拿大举办的第三届世界科研诚信大会上，与会者继续对此进行讨论。在三天会议期间，每天召开一次主题会议，召集自然科学家、社会科学家和人文学者讨论《科研诚信新加坡声明》第14条（henceforth，SS14）的意义和实际影响。会议围绕着非常实际的问题进行，旨在讨论当对社会利益的关注可能会对《科研诚信新加坡声明》中的其他建议产生影响的情况（见本章附录）。第一次主题会议就明确发现，第14条本身还需要进一步讨论和审视，因此，对这个雄心勃勃的计划进行了修订。

提倡社会考量包含哪些内容？“伦理责任”在日常研究行为中应该如何呈现？随后进行的热烈的讨论达成了一些包含基本要点的共识，本章将对此加以概述。

1. 把诚信和社会责任联系起来并不像新加坡大会的讨论所建议的那样，具有新颖性和争议性。科学家一直懂得：“科学家的一个基本责任就是维护科学界的科研的质量和诚信。”（Edsall，1975）《科研诚信新加坡声明》第14条所做的就是提醒科学家要认识到他们工作上的诚信还有着更为广泛的社会意义。在新加坡大会上，有些科学家对这一点表示担心，并不是他们想要否认科学家应有社会责任感，而是他们认为一份关于科研诚信的声明应该关注科研行为，而不是其应用或对社会的影响。

2. 然而，认为科研诚信和科学家更广泛的责任之间存在联系的想法并不新鲜。例如，1999年，世界科学大会就采纳了《科学与利用科学知识宣言》，称“科学家的社会责任要求他们保持科研诚信和质量控制的高标准”，科研必须坚持公认的伦理标准；同时，这些标准和惯例必须符合社会规范，例如保护人类受试者或管理利益冲突。

3. 《科研诚信新加坡声明》第14条有许多种不同解读方式，它们无一例外全都是合理的。例如，很多与会者把第14条理解为一个“惯例的”呼吁，要求科学家负责任地使用知识，并止步于那些可能会产生危险或不良后果的科研边界。其他有些人则参照“研究人员”和“研究机构”的用词，认为要特别强调责任超越于个人之上。还有的人则仅仅建议科学家要“认识到”他们的责任，认为第14条并不要求什么具体行动；同时，也有其他一些人则觉得使用“权衡”这个词是在呼吁更加系统性地进行严格的成本-效益分析。这些或其他可能的阐释，在特定情况下可能是合适的，但从另一方面说，没有任何一种阐释是放之四海而皆准的。

4. 任何人包括科学家在内，都无法可靠地预见科研可能带来的真正风险和好处。近代历史上最显而易见的教训就是风险评估经常大错特错；也有很多例子表明，科学知识以出人意料的方式泽被社会。如前所述，第14条可以解读为要求进行更多的成本－效益分析，但我们也承认，这种分析可能是经过操纵或“选择性解读”的。有些与会者认为，起码在未来有可能让独立机构按照某些研究领域的较高客观标准进行此类评估。但是，大家普遍认同风险－效益评估本质上是一个价值负载过程，总会有可能被置于那些实施者或委托者的利益之下。

5. 价值观可能会在科研自身内扮演一个说不清道不明的角色。有种观点认为，科学界可以无须考虑其科研工作的社会影响，这至少有部分是基于一个错误的假设，即非知识性的价值观在科学知识的发展中无足轻重。显然，在许多研究领域内，伦理和社会价值观会扮演适当的角色，不仅决定着哪个项目应该得到资助、给予优先权或一项科学研究的重要方面由什么构成，还决定了研究策略、证据标准以及方法论的选择。价值判断不用削弱科学的客观性和合理性，实际上，它们能提高许多证据标准和方法决策的合理性。当然，这并不意味着非知识性的价值观能让我们有理由以某些方式解读这些证据，并认为某些研究策略或方法论优于其他的替代方案（Intemann & de Melo-Martin，2010；de Melo-Martín & Intemann，2012）。

如果价值观和科学知识有关，那么如果认识不到价值观构成科学判断基础的方式，就会阻碍科学家之间进行有意义的交流。许多争论表面上为方法论问题的冲突，实际上却是价值观的争论。鉴于人们经常无法认识、讨论和评价隐含的价值观判断，因此这些判断并不能确保得到理性支持。

6. 除了拓展人类知识范围的总体愿望之外，一个社会的多种不同要素会有着不同利益。科研系统是社会的一个子集，也并例外。例如，科研人员自身除了满足个人需求之外，也有推动职业发展的需要，还常常需要吸引和维持经费。私人研究赞助者有获得投资回报的兴趣，把研究成果转化为具有一定商业价值的实践。公共部门资助者需要证明他们是基于规定程序或政策目标而正确使用公共资金。那些直接受到具体研究界限影响的人们与这个系统也有着内在联系——无论是通过他们的健康和安全、他们的经济前景，还是通过他们的社会环境或自然环境。最终，社会的所有成员都可能对某类科研有意见，不管他们是否会受到其直接或即时的影响。

7. 一旦我们创立了科研诚信的概念以纳入那些关注科研影响的社会考量内容，就必须承认并考虑这些不同的利益和观点。为什么有这个必要呢？在如何描述和评估科研给社会带来的风险和潜在好处方面，所有这些利益都会起作用。因此，很重要的一点是要意识到这些利益以及它们如何塑造我们的观点。对科研的风险和潜在好处进行评估并不是一件与价值观毫不相干的事情。要清楚哪些是驱动我们的利益，这能有助于揭示我们对什么样的科研对社会是“有好处”的判断之下所根植的价值观。

上述考量使我们得到这样一个结论，即第 14 条中的呼吁社会考量首先是要求一个更广泛、更坦诚和透明的对话。它应该包含科学家、研究机构、资助方以及普通大众——在这个对话中，各种观点、价值观、利益以及权力关系都会得到公开承认和考虑。研究人员和研究机构的科研诚信通过他们以诚实和透明参与对话的意愿得到证明。

实践中的问题还有待解决。在规划这个主题会议时，我们提出了几个例子，表明对社会考量的关注有可能会对《科研诚信新加坡声明》中所阐述的其他原则和责任产生实际影响。鉴于上述这些考量，现在我们更清楚地明白，我们在主题会议期间所希望解决的大部分问题并不可能有普遍适用或规范的对策，它们需要根据具体案例和特定环境来加以考虑。我们在本章附录里提供了此类问题列表，期望能以此推动未来的研究和讨论。

参考文献

de Melo-Martín, I. and K. Intemann. (2012). Interpreting evidence: Why values can matter as much as science. *Perspect Biol. Med.*, 55 (1), 59 - 70.

Edsall, J. (1975). Scientific Freedom and Responsibility, Report of the AAAS Committee on Scientific Freedom & Responsibility, American Association for the Advancement of Science. Available at http://www.aaas.org/sites/default/files/SRHRL/PDF/1975-ScientificFreedomResponsibility.pdf (accessed on 26 October 2014).

Intemann, K. and I. de Melo-Martin (2010). Social values and scientific evidence: The case of the HPV vaccines. *Biology and Philosophy*, 25 (2), 203 - 213.

World Conference on Science (1999). Declaration on Science and the Use of Scientific Knowledge, Budapest, Hungary. Available at http://www.unesco.org/science/wcs/eng/declaration_e.htm (accessed on 12 June 2013).

附录　社会考量如何影响《科研诚信新加坡声明》中的诚信原则——与科研问题有关的不完全列表

利益冲突和鸣谢。研究经费可能来自在伦理上有争议或在其所资助的研究中有既得利益的资助方。这类资助如何影响科学家所进行的成本－效益分析？应设立怎样的机制把经费支持对研究客观性的影响降到最低程度？接受特定赞助方的经费应当被视为对赞助人在一些与研究无关事情的态度上的政治性支持吗？

这些问题可以延伸到机构层面，承认机构也存在可能危害其判断的利益冲突。这引发我们去反思谁应当对选择赞助和进行鸣谢负有最大责任，是研究者还是机构？

科研经费。研究者应该尽可能开放地分享数据和发表成果。然而，最近借发表病毒研究数据之机所进行的辩论表明：在一些情况下，公布科研数据可能会对国家安全构成威胁。从今往后，在各个研究领域里，这类情况可能会普遍到什么程度？对发表这类研究成果的内在风险进行评估，是科学家、机构和（或）记者的责任吗？应该采取什么行动，既防止安全威胁又不妨碍科学进步？

科研记录。科研记录应当得到保存，并根据要求进行公布。但是，当这种记录涉及研究对象的信息时，可能存在这些数据使用不当并对个体或大量人群产生负面效应的情况。例如，保护隐私与数据匿名性的伦理原则和法律可能有重要的免责条款，或者可能在不同国家之间无法得到同等的实行。研究者及其所在机构在设计研究方案时，应该在考虑隐私顾虑方面做些什么？

公共交流。科学界内外人士都鼓励科学家们参与到公共政策程序中来，这样社会才可能从可利用的最佳科学技术中获益。不过有些人把“科学”和“倡导”视为界限分明的活动，担心如果科学家参与到倡导行为里，就会有失去其可信度的风险，即他们作为真理的客观载体的信用。这会导致公众无视其信息和真知灼见，仅将他们和其他任何能在科研成果中分一杯羹的既得利益方一样视为有偏颇的。科学家如何能让自己的观点和倡导者的视角保持泾渭分明？科学家参与倡导具有重大社会意义的事项时，会有伦理责任吗？负责任的研究和倡导是不可调和的吗？对想要参与公共领域的倡导行为的科学家，应该有指导原则吗？

科学研究可能会揭露一些事实，如果这些事实被广泛传达给非科学界人士，也许会产生不良后果。阻止公众对这类发现的认知会是科学家社会责任感的表现吗？或者说，公布科学知识是绝对必要的吗？

报道不负责任的研究活动。丹麦的比尤恩·隆伯格被判“科研不端”罪名成立，理由是他的著作《多疑的环境保护论者》是一份政治宣言，而不是科学文本。这个判决后来被推翻，但它还是一度给那些提出科研不端指控的案例打开了大门，有的案例是出于政治－伦理分歧和（或）被用来作为修辞武器以赢得科研争论而提出的。科学家如何分辨方法论上的不负责任的研究和从社会观点来看的不负责任的研究？后一种形式的不负责任应该成为科研不端指控的依据吗？或者说，一个“政治性的”科研不端指控本身就代表了一种滥权吗？

科研方法。一些观点尖锐的思想家指出，对科研发现的后果进行考量不可避免会影响到评估这类证据的精确性。更为普遍的是，科研评估中的无意识偏见是无法避免的现实情况，科学辩论有时候会发展为分歧并不是由科学证据所导致的，而是因为不同的价值观反映在对这类证据相关性的看法上。本章记录了几个这样的例子以及牵涉其中的科学家为理解和解决这种情况而做的努力。假设科学家的研究及其交流所呈现的价值观确实可能存在区别，那么有什么指导原则可以帮助他们识别？

科研环境。科研机构应当牵头进行第 14 条所建议的利益和风险活动权衡吗？机构应该做些什么来帮助研究者权衡研究中的风险和利益？机构还应当做些什么来帮助研究者根据这样的评估考虑后续行动？作为社会意义上头脑清醒的道德媒介，研究者作为个人、作为其所在机构的组成部分、作为公民，都对整个社会负有伦理职责。正如我们在主题会议中所听到的那样，其挑战是去定义那些职责在研究环境中意味着什么。

（余慧明　译）

• 第 34 章　科研诚信与科学报道的交汇：动物福利的福音

尼古拉 · J. 奥斯本①

实行同行评审的科学期刊在科学知识的交流和科学实践发展的信息传播中起着关键作用。在科学界，人们越来越多地关注涉及动物使用的研究报告的质量。这些关注涉及很多问题，比如动物研究实验设计和（或）分析，以及由于所谓的“阴性结果”报告不足和（或）商业敏感信息内容而导致的发表偏倚。还有越来越多的文献开始评估糟糕的动物福利对所产生的科学数据质量的影响。这种糟糕的动物福利除了导致伦理问题，还带来诸如实验结果可重复性等问题。动物福利的利益和科研诚信恰好交汇在此十字路口。如果涉及动物使用的研究可以依据现代标准惯例进行计划、实施和报告，那么我们可以预见到科学家会秉承诚实的态度，并遵照人类科学研究的 3R 原则②从事科研活动：若条件允许，用其他方法代替动物的使用；在实验中减少对动物的使用，同时还需保证实验结果在数据上保持有效；优化动物的生命体验，从而将它们体验痛苦、折磨或持续伤害的可能性降到最低。

许多团体以及组织正与科学界和出版界一起合作，以解决动物研究报告中产生的问题。在过去六年多的时间里，我们的解决办法就是尝试和完善那些发表有关动物实验初步研究的同行评审科学期刊的“出版伦理政策”和“投稿须知”。这么做的原因是，如果期刊编辑很清楚他们需要什么样的研究，或者说不会发表什么样的研究［例如，“本期刊拒收任何无理由相信动物可以遭受不必要痛苦和折磨内容的文章”（《农业与食品化学杂志》）］以及这类报告应该达到的标准（参见表 34-1），那么作者就会清楚该期刊需要什么。在此指导下，作者可以完善自己的研究行为，从而更有机会在期刊上发表研究成果。

---

① 尼古拉 · J. 奥斯本（Nicola J. Osborne），英国防止虐待动物协会动物研究部门（Research Animals Department，RSPCA）。——译注

② 3R 是指 Replacement、Reduction、Refinement 三个英文单词的首字母。——译注

表 34-1　满足评分标准的期刊政策声明示例

评分标准	政策声明
1. 在研究和试验中提到动物使用	只要在政策中包含“动物”一词，不管此政策是否会有其他加分，均可得 1 分。
2. 要求遵守特殊的指导方针、行为准则或有关动物研究的立法，并提供链接	“实验应依照美国国家卫生研究院颁布的《实验动物护理和使用指南》(1996 年修订版)、欧洲共同体部长理事会颁布的《实验性或研究用动物保护指令》　(86/609) 或英国颁布的《动物法案 1986》”(《酒精》)“有关动物的研究必须遵守美国物理学会研究和培训脊椎动物保健和使用的指导原则”(《美国生理学杂志》)
3. 声明发表的前提条件是遵守相关政策	“编辑保留拒绝任何包含不符合上述建议的原稿的权利。”(《美国呼吸与危重病护理医学杂志》)
4. 对动物福利或动物实验的伦理标准有一个全面的认识和明确的陈述	“若原稿包含动物就应该处于不利的、严酷的环境或遭受严酷对待等信息，则不予以考虑发表，除非作者明确表示现有的知识对于证实上述对待方式的条件具有充分价值。”(《美国兽医研究杂志》)
5. 声明最大可能地运用 3R 原则	“研究者应该考虑实验进程的合理性，所用的物种和所需要的动物数量，……研究者也应考虑在特定的实验计划中要使用的动物是否可以用其他的实验方法替代，比如用体外研究或电脑模拟来替代。”(《美国生理学杂志》)
6. 动物居所和照料遵循现有最佳条件	“所有提交的原稿必须有一个原稿提交表，从而保证任何涉及动物的研究都遵循人文关怀和动物使用的现有标准，并且必须举例说明用到了哪些标准。”(《动物科学杂志》)

续表

评分标准	政策声明
7. 使用恰当的麻醉剂和止痛剂将动物的不适感、痛苦感和疼痛感降到最低	“涉及手术或其他产生痛苦的程序的研究必须包含解释减轻疼痛和痛苦的步骤，包括麻醉剂的类型和用量，以及手术后止痛剂的类型和用量。箭毒不是麻醉剂。如果使用麻醉剂，应提供证据表明实验中使用的麻醉剂等级合适，麻醉时长恰当。”（《美国生理学杂志》）
8. 明确和实行人道终止	“如果研究会导致动物死亡，应使用人道终止，或者用《美国兽医协会安乐死指南》上所规定的改善的安乐死方法。”（《美国生理学杂志》）
9. 要求研究完成之前的伦理审查	“所有涉及人类或动物的实验研究必须包括伦理委员会开具的同意证明。”（《化学学报》）
10. 根据现有最佳条件使用安乐死	“导致动物死亡的研究必须采用最具人道性的安乐死方法，这一方法与《美国兽医协会小组关于安乐死的报告》的研究目标和建议一致。”（《美国呼吸与危重病护理医学杂志》）
11. 在研究中与照料和使用动物相关的所有人员都要具有资质且受过一定的培训	“所有照料动物或在动物身上做实验的人员必须受过相关训练。学生或受训人员在教育活动或为科学进步使用动物时，应当在一个有经验的教师、监督人员或兽医的直接监管下进行。”（《美国生理学杂志》）
12. 所有适合发表的信息，例如报告指南的细节（Hoojimans 等，2010；Kilkenny 等，2010；Institute for Laboratory Animal Research，2011）要包含在论文中。	“应该有充分的细节说明材料和方法，因而如果其他的研究者想要重做这个研究就可以照着做。必须要提供所有器材的细节（模型、生产商、城镇、州或国家）和所有化学药品。所有的实验装置也需要详细说明（动物种类、性别、年龄、重量、获取来源、养护和实验处理等）。”（《化学学报》）

2007 年以来，我们采用之前发表的评分标准，已经分析了 868 家同行评审的英文期刊的政策，这些期刊每年发表 4 篇或更多的（例如至少一季度一篇）有关动物实验的研究论文（Osborne 等，2009，2010）。我们认为重新考虑以前分析过的涉及动物使用研究的发表政策也许是有意义的，因为这种考虑可以表明相关研究中使用动物政策在外界介入期间是否发生了变化，以及是否有某些领域会在发表政策澄清后从中获益。因此，在 2013 年 1 月，我们开始确定并重新分析同样这 868 家期刊的发表政策，并采用原先的评分标准。到目前为止，我们已经从其中 385 家期刊的网站上重新分析其发表政策、投稿须知、伦理政策以及其他相关的政策，并得到以下初步结果。

之前我们并不确定其中的 23 家期刊是否有相关政策，通过重新分析，我们确信包括这 23 家期刊在内的 385 家期刊确实有相关政策。在这 385 家期刊中，99 家期刊在其政策中对“动物”一词只字未提，这一数字在目前重新分析的期刊总数中占 25%。而之前分析过的期刊中，40% 的期刊未曾提及其发表的研究中关于动物使用的相关政策。可以看到，25% 这一数字与过去的 40% 相比有明显下降。我们意识到，分析一个政策声明和检查一份期刊刊登文章的标准不同，但政策声明至少显示出涉及动物使用的研究会引发伦理问题。如果某一研究是在恰当的标准指导下进行并发表的，那么此研究对各个方面均有利。迄今为止，重新分析的 385 家期刊（占 868 家总数的 36%）中有 139 家期刊因颁布涉及动物使用的相关发表政策而得到 1 分或更高的分数，但还有 11 家期刊政策得分有所下降。在这 11 家期刊中，有 6 家期刊取消了涉及动物使用的任何可识别的政策（已经得到证实，其中 2 家期刊自从之前其政策被我们分析后，更换了出版社），另外 5 家期刊政策分数下降是因为他们放弃了使用自己的政策，而引用其他（出版社或团体）的政策，但没有对所引用的信息提供直接链接。

更乐观的情况是，之前研究中政策得分的最好成绩是 9 分，而在此次分析中，我们已经发现了 3 家获得 12 分政策得分的期刊，他们极可能使用了我们的标准。这个好消息证明，原则上来说，实行有利于动物福利的期刊政策并非遥不可及。同时我们也看到，179 家期刊（占总数 385 家的 46%）因要求作者遵循其政策作为发表条件而得分，满足这一条件得分的期刊数量正在增加。在这次重新分析完成后，我们也许会看到一个巨大的改变。在之前所有的分析中，总共只有 110 家期刊因为要求作者遵循发表政策而得分。同样，167 家期刊（占总数 385 家的 43%）因制定了政策声明得分，如声明使用恰当的麻醉剂和止痛剂将动物的不适感、痛苦感和疼痛感降到最低，这一数量与之前研究中确认的 71 家期刊相比有所增长。如果期刊不要求科研人员遵守这些标准或政策，那么任何其他政策都没有意义，因而以上的进步让人鼓舞。研究中动物的使用所引发的公众关注及伦理上的考虑多与动物遭遇痛苦的程度息息相关。然而，我们依然要持谨慎态度，因为我们并没有研究相关期刊随后发表的论文是否确实遵循了其发表政策。

总之，我们不能忽视科学期刊在全世界传播良好科学行为的关键作用，尤其是涉及动物研究 3R 准则的传播更为重要。它包括实验设计和分析、动物畜禽舍和照料安排、实验进程、疼痛处理、人道的死后处理和安乐死方法等各种细节。这些细节不仅能促使科学研究变得更有人道，还在保证研究结果的可靠性、可复制性及科学的有效性方面发挥重要作用。据图 34-1 所示，提高动物研究报告的质量不仅会对未来研究的实施产生影响，也会通过鼓励研究者将动物的使用更加公开化、投资者对所投资的研究更加透明化，从而促进科研诚信覆盖更广的领域，同时也会促进全球动物福利标准和科学标准的提高，从而引发关于伦理问题的广泛讨论，因为研究中动物的使用不可避免会引发伦理问题。如果提高动物研究报告质量，并同时增加获取现在很多未被发表的数据的机会，那么也可以降低发表偏倚的影响，促使研究人员系统分析数据，从而推断出新发现并为未来研究提供借鉴。这也有利于提高全世界动物研究的实施和在世界范围内的传播，同时减少实验动物的使用，节省成本，减少由于重复未发表和（或）不可重复的研究而浪费的其他资源。因此，通过将好的科研诚信行为运用于计划、实施和报告涉及动物使用的研究，那么动物福利将受益颇多，人类科学研究 3R 原则也会进一步发展。

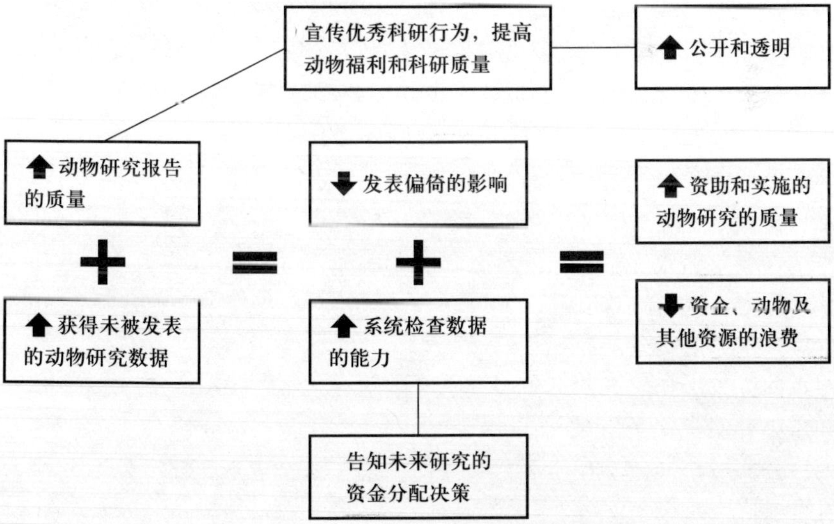

图 34-1　研究报告和科研道德

参考文献

Hoojimans, C. R., M. Leenaars and M. Ritskes-Hoitinga (2010). A gold standard publication checklist to improve the quality of animal studies, to fully integrate the three R's, and to make systematic reviews more feasible. *ATLA*, 38, 167 – 182.

Institute for Laboratory Animal Research (2011). *Guidance for the Description of Animal Research in Scientific Publications.* Washington, DC: The National Academies Press.

Kilkenny, C., W. J. Browne, I. C. Cuthill *et al.* (2010). Improving bioscience research reporting: The ARRIVE guidelines for reporting animal research. *PLoS Biol*, 8 (6), e1000412.

Osborne, N. J., D. Payne and M. L. Newman (2009). Journal editorial policies, animal welfare, and the 3Rs. *Am. J. Bioethics*, 9, 55 – 59.

Osborne, N. J., B. J. Phillips and K. Westwood (2010). Journal editorial policies as a driver for change — animal welfare and the 3Rs. Proceedings of *New Paradigms in Laboratory Animal Science FELASA.*

（王书珊　译）

• 第 35 章 地球伦理学：对地球科学科研诚信的挑战

西尔维亚·皮泊罗尼 皮特·勃朗斯基 基斯泊·狄·卡布拉①

地球伦理学反映了地质学、社会学和哲学的交叉，其关注点通常是与管理和降低自然风险相关的重要环境问题。地球伦理学主张对自然资源的使用情况进行批评性分析，强调科学的教育和交流功能。总之，由于地球科学家所从事的科研活动能够有效指导公众社会及企业采取可持续发展方式，从而保护地圈，因而地球伦理学鼓励地球科学家承担责任，秉承最诚信的态度从事科研活动。从本质上而言，此学科具有跨学科性质，因此相关科研活动通常需要来自不同学科背景的多位专家学者共同参与。

地球伦理学的科研诚信涉及参与成员的集体良知及其对社会的责任感。由于地球伦理学是地球科学学科中相对较新的分支学科，科研诚信的一些方面有待进一步完善。因而我们强调需要考虑的三个重要方面：（1）科学家的责任观念；（2）科学家对于其所拥有知识的价值的意识；（3）基于学术诚信的伦理标准的认同。若以上述三点为基准，科研活动就能够为社会谋福利。最近成立的国际地球伦理学发展促进协会提出要解决上述及其他相关问题。

科学研究的伦理和社会影响

科学研究对社会有显著的影响，因而采用伦理原则和标准对于负责任的科

① 西尔维亚·皮泊罗尼（Silvia Peppoloni），国际地球伦理学发展促进协会意大利国家地球物理、火山学研究所（International Association for Promoting Geoethics、Istituto Nazionale di Geofi sica e Vulcanologia）；皮特·勃朗斯基（Peter Bobrowsky），国际地球伦理学发展促进协会、加拿大地质调查局（International Association for Promoting Geoethics、Geological Survey of Canada）；基斯泊·狄·卡布拉（Giuseppe Di Capua），国际地球伦理学发展促进协会、意大利国家地球物理和火山学研究所（International Association for Promoting Geoethics、Istituto Nazionale di Geofi sica e Vulcanologia）。——译注

研行为必不可少（Mayer & Steneck，2011）。

人们期望科学家能够秉承学术诚信的态度行事并把社会需求放在首位。地球科学家拥有必备的科学知识，从而完成适当的研究，这体现出他们道德伦理上的义务，尤其是他们的所作所为会带来的实际后果。

地球科学家是“真理的追寻者”而不仅仅是“科研雇员”。真理的研究体现出一种保护公共利益的道德伦理奉献。对于如生物学、医学和物理学这样的学科而言，伦理上的考虑就更明显。

除此之外，科学家在很大程度上能使科学与社会各方面的关系更密切。事实上，如果一个社会没有充分获取科学知识，那么这个社会将面临两种消极的后果：一方面，科学家会丧失自己科学家的角色，在社会和文化上被边缘化；另一方面，人们更倾向于以非批判式的方式接受先入之见，如有时媒体提供的错误观念，有可能导致人们丧失良知，诱发不理智行为。

因而，科学家需要对公众和他们所属的科学界承担起伦理责任。这包括：

- 将科研数据和结果公开，让公众能轻易获得并且便于使用；
- 将先进的知识传递给企业和相关部门；
- 为实现全民教育做出贡献，关注科学交流，简化科学概念，避免科学概念平庸陈腐；
- 参与技术人员和专业人员的技术培训；
- 保证科学家自身持续的专业培训；
- 开展研究活动，避免对研究结果过度自信；核实信息来源及研究结果与观察情况是否相符；
- 接受各种可能不同意的假设及理论的公平辩论；
- 评估研究结果的不确定性和误差。

以上这些考虑与地球科学相关。地球科学研究整个地球，包括地球运动过程、现象及它们与人类活动间的联系。地球科学家旨在了解自然世界，从而探索影响地球运动过程的变量并预测其动态过程中这些现象产生的影响，从而改善人们的生活并“保护”地球。科学研究的伦理和社会含义是显而易见的，所以有必要用地球伦理学改变人们对待地圈的方式：如果以一种非伦理的方式对待地球科学，那么地球科学就面临着将成为传统知识载体的危险，而不是以公众利益和人类进步为中心发展（Peppoloni & Di Capua，2012；Pievani，2012）。

什么是地球伦理学？

当人类所从事的活动涉及地圈时，人们会依据某些价值观做出恰当的举动，地球伦理学就包括对这些价值观的研究和反思。它涉及为了社会福利运用地球科学时所产生的伦理、社会及文化意义。因而，这门学科是地质学、社会学和哲学的交叉（Peppoloni & Di Capua，2012）。

总而言之，地球伦理学为地球科学家提供机会，让他们更清醒地认识到自己的社会角色和责任，以及从事科研活动及增强公众对于与自然资源和环境相关问题的意识。除此之外，地球伦理学还能够：

- 在尊重自然的同时，为解决环境问题提供参考和指导；
- 鼓励批判地分析自然资源的使用与保护，推进友好型经济发展；
- 处理与自然风险管理、传播、教育及缓解的问题，恰当且正确地传播科研结果和关于自然风险的信息。

从这一角度看，地球科学家所承担的社会及文化角色不容忽视。通过科研，他们能推进形成一种文化，在这种文化氛围中，人们拥有更强的环境意识，科学界、媒体、公众社会及政策制定者间形成更具建设性的关系。地球科学家能够教育人们，自然资源和环境构成了人类共同的财富，因而我们应当考虑这种财富的科学、文化、教育及社会价值。但是地球科学家的责任包括哪些呢？他们是否准备充分承担这些责任？需要用哪些动机促使他们以伦理的方式从事科研活动？

地球科学家的责任

区分个人责任和社会责任至关重要（Peppoloni & Di Capua，2012）。个人责任是所有社会行为的基础。诺贝尔物理学奖获得者维尔纳·卡尔·海森堡（Werner Karl Heisenberg，1901—1976）认为自然科学不仅是描述和解释大自然的工具，更是科学家理解自身的机会。所以，地球学家通过科研，不仅有可能了解自然现象的真理，而且能了解关于自身的真相（Heisenberg，1958）。科研给他们提供了一种去认识自身正直品质的方式，同时也能让他们理解自身作为科学家和所作所为之间的关系。尊重真理和学术诚信让他们的科研具有意义。在此基础之上，他们的所作所为会为社会造福，他们的社会责任感也会因此油然而生。

地球科学家服务于公共利益，是社会中积极且负责任的一部分。他们的社会责任包括：

- 确保拥有技能与接受培训；
- 带着最高的诚信态度和伦理感工作；
- 与其他同事共享数据及科研获得的结果，从而检验科研分析的准确性；
- 注意用正确的交流方式使公众获得科研结果；
- 培养“工作做得不错”的乐趣。

特别要注意，不应将比较和分享科研结果视作一种威胁，而要视作质量的保证和提高的动力。

地球科学的伦理标准

指导科学家的伦理标准应当根植于他们个人领域中，包括任何行为的动机，即使这种行为发生在社会领域中。在此基础上，科研活动能够确实为他人和社会服务（Peppoloni & Di Capua，2012）。科学家的伦理标准中，学术诚信是主要要求。它包括：

- 在我们寻求自己的观点和他人观点时，要尊重真理；
- 认同他人的价值；
- 合作和互惠的精神；
- 要认同共同的目标，即使观点千差万别；
- 责任源自我们的技术文化专长；
- 接受批评并随时质疑自身的确定性；
- 反思知识和角色间的相互关系；
- 认识到把科学知识传递给他人的难能可贵。

地球科学家，尤其是年轻学者如何能够最好地得到帮助，获得一种在自然科学中所承担的清楚且有约束力的伦理责任意识？意大利地球伦理委员会试图采用“希波克拉底誓言”式的建议解决这个问题（Matteucci 等，2012）。关于采用誓言的最早建议出现于 2012 年 8 月在澳大利亚布里斯班市举行的第 34 届国际地球伦理学大会上。这次会议号召地球科学家认识从事科研活动时需要考虑的价值观，例如地圈保护、可持续性及社会效益；号召科学家正确使用科研结果；号召科学家提高知识水平和诚实工作，但同时也意识到自身能力和具有的可能性和局限性。

伦理责任有何意义呢？由于公众对于伦理行为呼吁，在此背景下，地球科学家无论出于什么样的原因，都有可能参与到公众领域中，并以公众福利为宗旨行事，明确接受伦理责任。由此会产生以下影响：

- 有利于地球科学家明确意识到他们的社会角色、专长及贡献，加强对于专业团体的归属感；
- 促进地球科学家意识到公众及社会对他们期待；
- 促进地球科学家的文化在个人和团体层面提高、对科研的探索及科学和职业技能的应用；
- 使地球科学家致力于将提升终身文化视作伦理责任的使命。

国际地球伦理学发展促进协会

鉴于科研诚信的保证取决于与他人比较及分享科研成果，并且上述两种情形需要场合供学者辩论，国际地球伦理学发展促进协会在 2012 年成立（www. iapg. geoethics. org），并附属于国际地质科学联合会（IUGS）和美国地质学会（AGI）。它是一个全球性、科学性及跨学科的平台，目的是扩大就伦理问题的讨论。由于适用于地球科学研究，它给人们提供机会反思地球科学家的技能、他们工作的质量以及他们的研究能够为人类健康发展所做的贡献。国际地球伦理学发展促进协会旨在通过全球合作，推进地球伦理价值与原则，从而鼓励地球科学家尤其是那些来自欠发达国家的科学家的参与及讨论，并确保国家间良好的合作。该协会通过制作专门的网页、发表科学文章、组织会议及研讨会探讨国内外地球科学话题，试图促进地球伦理学传播。

结论

地球伦理学能提高人们对于地球科学研究的价值感，推进人类进步和发展，因而强调在开展科研活动时必须尊重一些基本原则。

根据《科研诚信新加坡声明》（2010），例如诚实、可信、职业要求、公平及优良管理等原则成为从事科研的支柱，因而能确保对他人工作及科学真理的尊重。科学家有责任确保研究的诚信及可信性，尊重规则，正确使用方法，避免利益冲突，并且尤其要重视与公众的交流。

参考文献

Heisenberg, W. (1958). *Physics and Philosophy*, 206. New York: Harper and Brothers.

Matteucci, R., G. Gosso, S. Peppoloni, S. Piacente and J. Wasowski (2014). *The "Geoethical Promise": A Proposal. Episodes*, 37 (3), 190 - 191.

Mayer, T. and N. Steneck (eds.) (2011). *Promoting Research Integrity in a Global Environment*, 317 - 328. Singapore: Imperial College Press/World Scientific Publishing, Singapore.

Peppoloni, S. and G. Di Capua (eds.) (2012). Geoethics and geological culture: Awareness, responsibility and challenges. *Annals of Geophysics*, 55 (3), 335 - 341.

Pievani, T. (2012). Geoethics and philosophy of earth sciences: The role of geophysical factors in human evolution. *Annals of Geophysics*, 55 (3) 349 - 353.

The Singapore Statement on Research Integrity (2010). Second World Conference on Research Integrity, Singapore, 21 - 24 July. Available at http://www. singapore statement. org/statement. html (accessed on 22 October 2014).

（王书珊　译）

• 第 36 章　为造福公共卫生建立公私合作关系的原则

西尔维亚·罗[①]

回顾近几十年科学研究的主要发展，我们可以清楚地看到研究团体在规模和领域方面都有着巨大提升，已成为真正意义上的全球性团体，随之而来的是各种挑战，如迥异的语言、文化和历史。科研的可靠性与诚信方面面临两个主要挑战：在科研进程中保持诚信及确保透明性。一方面，参与科研的各方意欲获取利益，另一方面，开展多方参与的合作要面临与日俱增的压力，二者之间难免会产生冲突。越来越多的真实情形使得围绕这一冲突产生的事件处于显要地位，尤其是通过公私合作关系（Public - Private Partnerships，PPPS）产生的矛盾。

与利益冲突相关的事件已经从同行评审期刊所提出的问题演化成主流媒体关注的问题，从对制药业的关注转化成对食品行业和农业的关注。近几年，如下的新闻标题经常出现在美国公众视野中：

- 《企业纽带被视为扰乱医学研究》（《洛杉矶时报》）；
- 《资金影响研究者对结果的"渲染"》（《路透社健康专栏》）；
- 《对商业与学术结合的一个警告》（《纽约时报》）。

2010 年发表在《健康事务》上的一项研究总结指出，学术界与企业间的合作开始走下坡路，部分原因是因为二者合作中引发的矛盾被媒体曝光。在政府与企业之间诸如此类的合作也开始面临挑战。一方面由于可获得的科研资金日益短缺，另一方面由于上文提及的对信任及建立合作关系的质疑，如今人们

① 西尔维亚·罗（Sylvia Rowe），美国塔夫茨弗里德曼学校、马萨诸塞 - 阿默斯特大学（Tufts Friedman School and University of Massachusetts-Amherst）。——译注

正深切关注上述挑战对科学发展及公众对科学的普遍认知方面的消极影响。

新对话

为围绕合作信任问题而开展进一步对话，国际生命科学学会（北美分会是其中一个非营利的组织，包含来自学术界、企业及政府部门三方的科学家）为缓解研究中的冲突及消除偏见发表了一系列指导方针（Rowe 等，2009）。尽管当谈及造成研究可信度受损的潜在因素时，人们往往会想到利益冲突是其诱因，而且这也的确是本论文的焦点。但是于 2009 年同时发表在六家科学期刊上的指导方针特别指出引起研究偏差的其他缘由，部分如下：

- 对名誉及获得同行间尊重的渴望；
- 学术上强制要求“不发表成果就淘汰出局”；
- 之前所在工作机构；
- 对科研的热情；
- 个人意识形态/哲学观/政治取向；
- 宗教/民族取向；
- 国籍；
- 民族。

指导方针的制定者们提出：“阐释与健康有关的研究，推行基于这些研究而颁布的公共政策，这对我们来说十分重要。我们应当解决或试图控制可能出现的各种偏见。”（Rowe 等，2009）国际生命科学协会北美分会发表的关于解决研究中利益冲突的指导方针共有八项。

在处理政府部门与学术界及企业的合作关系时，有关各方应当：

1. 研究或赞助研究要进行真实透明且客观的设计；根据公认的科学调查原则，研究设计需要产生一个措辞得当的假设，该研究能回答某些问题，而不是向某一特定结果靠拢；

2. 要求将研究设计和研究本身的控制权交给科学研究者；

3. 不提供或不接受与研究项目结果有关的酬劳；

4. 在研究开始之前，最好有一份书面合同，以确保在某个特定的时间范围内，研究团队有发表研究结果的自由和权利；

5. 在参加会议或呈递研究成果时，要标明所有研究基金赞助机构的详尽信息；

6. 不参与企业赞助的未披露作者身份的发表或介绍；

7. 研究人员应注明各自所属的研究机构，并且只能在获得该研究总负责人首肯之后才能发表文章；

8. 确保监督人员和相关审查/审稿专家能够获得所有研究数据，并可追溯数据分析全过程。

针对如何帮助处理研究中出现的偏见或冲突及拓展研究者之间的合作伙伴关系提出了多种倡议，国际生命科学学会北美分会发表的关于利益冲突的首篇文章也是其中的一种。随后，该学会对与资金来源相关的“研究质量”这一课题进行了研究（*PLoS One*，2011），并发表了另一篇关于咨询小组甄选机制的同行评审论文，该论文将科学家纳入适当的政策制定进程中（Rowe 等，2013）。

关于公私合作关系的提议

最近，为响应联邦政府要求通过公私合作关系来提高技术转移与政府部门研究成果的商业化的呼吁（Administration of Barack Obama，2011），同时在成立公私合作关系政府研究所的基础上（USDA，NCI，2012），国际生命科学学会北美分会提出了一项新的提议，以发展和检测用于指导公私合作关系进程的原则。该学会在第一阶段发布了一系列最佳实行上述原则的范例，以帮助公私合作关系的形成和管理，在第二阶段开展一项概念验证项目（King 等，2012）。

在第一阶段中，该学会在《营养评论》上发表了一篇题为《造福食品安全、营养和健康研究而开展的公私合作关系的原则》的文章，该文章在文献综述和原创性研究的基础上，提出了潜在的最佳合作方法，用于在营养、健康、食品科学和食品及配料安全等方面开展的以研究为导向的公私合作关系。文章提出公私合作关系被基本接纳的原因及其可能具有的优点为：

- 为来自政府部门、学术界及企业的研究者创造一种使跨学科专业知识的最大化的合作环境；
- 提高知识及专长的多样化并扩大二者的影响，以解决与营养相关的公共卫生需求和问题，提升健康、发展食品科学及增强食品与配料安全；

• 使资金来源最大化。

在该文中，作者运用三个步骤进行研究，以提升公共卫生为目标，探索并形成了用于指导科学研究的一些准则：

• 对已形成的公私合作关系指导方针进行回顾和归纳综合；

• 对相关成功的公私合作关系案例进行分析；

• 对来自学术界、政府、企业、基金会和非政府组织的有经验且具有中高级职称的人员进行背景访谈。

国际生命科学学会北美分会的团队工作方法原则如下：分析 20 个美国及国际组织为科研合作制定的指导或规则。这些组织包括：加拿大卫生研究所、美国食品与药品监督管理局及世界卫生组织孕产妇、新生儿和儿童健康伙伴关系等。此外，作者分析了相关的研究文献，指出正式的公私合作关系的具体指南大多存在于机构的条例中，在文献中却不易找到。另外，他们详细研究了四个有效的或者说是前景可观的以研究为导向的公私合作关系的运作，它们是小麦及大麦斑点病计划、可可基因组数据库、保障未来粮食供给计划及科研诚信圆桌会议。他们还对来自学术界、政府、企业、基金会和非政府组织的 27 名经验丰富、负责科研的财政运转及研究指导的高级人员进行背景访谈。

在研究的各个阶段，作者分析、比较了（也是为了测试）各种基于公司内部原则和实践经验以及外部评审专家建议的基础上的实践行为，得出其共同点以及不同之处，从而在三个步骤的基础上总结出一系列共识原则或规则。

结论

最终，作者从论文数据中提取出以下 12 种可能的最佳指导方针。

科学研究的公私合作关系原则：

• 对提升公共卫生水平有一个明确和可及的目标；

• 对研究涉及的工作内容、规则及合作者的角色、职责和任务进行明确说明；在信任、透明和相互尊重的基础上建立核心操作原则——承认可能有“破坏者”妨碍有效合作关系的形成；

- 确保所有的目标都符合利益相关者的需要，制定明确的底线来监管进程和衡量成败；
- 应考虑平衡各种关系的重要性，确保所有成员都有一定程度的商讨权利；
- 增加足够数量的合作者以降低某单一合作方的影响力，拓宽私营研究方参与范畴，提升他们的合作技能，从而将利益冲突降至最低程度；
- 与愿意对亟待解决的具体研究资助问题达成一致意见的合作者建立合作关系；
- 争取长期、共享资金和研究数据的合作伙伴；
- 将政府、私营部门及学术界和社会其他成员都纳入研究合作伙伴；
- 选择能够为公共及私营部门的研究目标提供共同基础的客观科学测量；
- 采用没有既定财务利益的合作伙伴确定的研究问题和方法，最好是在竞争前期；
- 随机应变，确保持续、透明的沟通；
- 考虑选择一个第三方的会议召集人确保会议的公平性，并在会议中澄清规则、确立操作指南并细化所有的资金安排。

国际生命科学学会北美分会所撰写的论文试图介绍一系列最佳实践范例，从而促进不同团体的利益相关者之间的对话和行动，这些利益相关者很可能从营养、健康、食品科学、食品及配料安全方面更多的合作关系中获得利益。

然而，文章作者承认，在完善营养数据库及相似的研究项目方面建立公私合作研究关系仍面临重大挑战。其中最大的挑战是如何管理对合作关系中利益冲突，无论是现实中的还是设想中的。正如一位学术伦理学家所言：

> 大学及学术界迫切希望与企业建立合作关系，这也是意料之中的事情。但与此同时，我们不断发现关于冲突的抱怨。这就好比我们念念不忘与企业联姻，但是伦理却一直提醒我们要小心完善婚姻。(Shaffer，2010)

参考文献

Administration of Barack Obama (2011). Memorandum on accelerating technology transfer and commercialisation of federal research in support of high-growth businesses.

Shaffer, C. (2010). Report concludes industry-academia partnerships on the wane. *Nature Biotechnology*, 28, 7 – 8.

King, J., A. Toole and K. Fuglie (2012). The complimentary roles of the public and private sectors in US Agricultural Research and Development. *Economic Brief No.* 19, USDA, Economic Research Services.

Myers, E. F., J. S. Parrott, D. S. Cummins and P. Splett (2011). Funding source and research report quality in nutrition practice-related research. *PLoS ONE*, 6 (12), e28437.

Rowe, S., N. Alexander, F. Clydesdale, R. Applebaum, S. Atkinson, R. Black, J. Dwyer, E. Hentges, N. Higley, M. Lefevre, J. Lupton, S. Miller, D. Tancredi, C. Weaver, C. Woteki and E. Wedral (2009). Funding food science and nutrition research: Financial conflicts and scientific integrity. *Nutrition Reviews*, 67 (5), 264 – 272.

Rowe, S., N. Alexander, A. Kretser, R. Steele, M. Kretsch, R. Applebaum, F. Clydesdale, D. Cummins, E. Hentges, J. Navia, A. Jarvis and K. Falci (2013). Principles for building public-private partnerships to benefit food safety, nutrition, and health research. *Nutrition Reviews*, 71 (10), 682 – 691.

Rowe S., N. Alexander, C. M. Weaver, J. T. Dwyer, C. Drew, R. S. Applebaum, S. Atkinson, F. M. Clydesdale, E. Hentges, N. A. Higley and M. E. Westring (2013). How experts are chosen to inform public policy: Can the process be improved? *Health Policy*, 112 (3), 172 – 178.

USDA, NCI (2012). Enhancing translation of nutrition science: Public-private partnership workshop; Institute of Medicine, Food Forum (2011). Building multisectoral partnerships in food and nutrition: A Workshop. Department of Agriculture. Washington, DC.

（王书珊　译）

• 第 37 章　科研诚信和有争议政策领域的治理：对澳大利亚煤层气辩论的探讨

娜奥米·史密斯·达维塔克①

21 世纪，科学和社会之间的契约已经发生了改变（Gibbons，1999），正如科学与技术的人文社会学研究领域的学者所说，社会正在向科学作出回应，想要参与到科技如何塑造自然世界和社会的辩论以及决策中来（Jasanoff，2004；Nowotny 等，2001）。如今的科学正致力于解决由于科技进步和创新所导致的复杂问题，例如气候变化、物种多样性的丧失以及增长的全球人口所带来的调整（例如食品和能源安全问题）。科学正越来越面临棘手而"邪恶"的挑战。这些挑战玷污并跨越了科学和政治的界限、划分公共利益和私人利益之间的界限，以及知识和实践的构成。就这一点而言，它们呈现为一种行动者、知识、价值观和文化的交织（Jasanoff，2004）。它们也是布鲁诺·拉图尔所称的"科学纠葛"，是知识、意义、权力和政治的场所（Latour，1993）。

根据经济合作与发展组织的观点，当今的问题需要与包括学术界、工业界、政府和民间团体在内的各行动方建立合作知识解决方案（OECD，2012）。关于伙伴关系和合作的文献很多，从经济学和创新体系，再到公共政策和治理，不同学科对这两个术语的定义有所不同。公私合作伙伴关系通常被定义为私人行动者和公共实体之间的风险分担关系，以便提供公共产品或带来人们想得到的公共政策结果（Flinders，2005）。我们在此并不讨论这些文献，本章的目的是简要介绍最近一些既有的公私合作伙伴关系或大学－工业界合作伙伴关系在非传统能源这个有争议政策领域所面临的挑战，尤其是澳大利亚的煤层气

---

① 娜奥米·史密斯·达维塔克（Naomi Smith Devetak），澳大利亚昆士兰大学可持续矿物研究所采矿社会责任中心（Centre for Social Responsibility in Mining，Sustainable Minerals Institute，The University of Queensland）。——译注

（CSG）。本章还介绍了媒体对这些组织的反应，并反思在公共语境中，治理在支持组织正当性方面所扮演的角色。

提取煤层气所带来的环境和社会风险及其产生的影响在澳大利亚及其他地方都引发了激烈辩论。受到提取煤层气影响的社区担心水质和人类健康层面的风险。公众的焦虑有部分是由于不确定性以及缺乏严格科学证据来增强公民信心。澳大利亚煤层气政策领域的特色就是变化迅速，面对一个正在经历前所未有增长的行业，政策制定者努力制定着各种规章和法律。面对科学研究的匮乏，农民、环保组织和公众等不同利益相关者都呼吁用充分的科学证据来验证煤层气开发所造成的潜在风险。

在当代很多有争议的政策辩论中，“科学”和“证据”变得政治化了，在利益团体制造了越来越多知识的环境中，人们主张需要可信、重要并且合理的知识（Cash 等，2003）。美国、英国和澳大利亚的大学 - 工业界合作伙伴生产创造的知识贯穿于非传统天然气的政策和实践，但其公信力、正当性及其知识产出的可信度已经遭到挑战。本章认为，这些挑战可以部分得到解决，即通过加强对治理的关注，理解风险框架内与利益相关者的参与有关的不断变化的规则，以及加强知识和科学的交流。

对要求科学证据的回应：澳大利亚的煤层气和研究

在公众意见不稳定的气氛中，澳大利亚研究机构在提供科学证据方面扮演了核心角色，以消除公众对来自非常规储藏中的煤层气相关的风险所产生的担忧。值得注意的是，在政府对大学研究的投入日益缩减、以市场为导向的“企业化大学”崛起的年代，澳大利亚的大学和工业界之间有着高度连通性（Considine & Marginson，2000）。如今这种连通性已经是科研生态体系中的一个既定部分，并存在于广泛的机制中，例如合作研发、谅解备忘录与专业技能。

在煤层气提取方面，澳大利亚通过合伙模式发起并资助了两个关键性研究行动。2011 年 7 月，联邦科学和工业研究组织与澳大利亚太平洋液化天然气有限公司合伙发起了一个公私联盟，称为“煤气业社会和环境研究联盟”，以便“对天然气行业给社会经济和环境造成的影响进行研究”（CSIRO，2013）。煤气业社会和环境联盟的网站显示，创始方合作伙伴在 5 年间提供了超过 1400 万澳元的初始投资（GISERA，2014）。2011 年 11 月，昆士兰大学成立了煤层气中心。该中心建立在一个集体会员制模式基础上（类似于一个合作研究中心），有多家煤层气行业会员公司，包括桑托斯公司、箭头能源公司和昆士兰天然气公司（CCSG, 2013）。该中心阐明其目标是“成为一家世界领先的卓越中心，服务于工业界、政府和社区利益相关者对这个新兴产业的研究和教育需求”（CCSG, 2013）。煤层气中心网站显示，该中心由以下出资方赞助：昆士兰天然气公司——每年 200 万澳元，箭头能源公司——每年 50 万澳元，桑托斯公司——每年 50 万澳元，昆士兰大学也已承诺在 5 年中每年出资 100 万澳元。

除了上述合作伙伴关系之外，澳大利亚联邦政府还在 2011 年 11 月成立了一个独立专家委员会。当时，澳大利亚首相、副首相和财政部部长都宣布了政府对科学证据的关注，以建立对煤层气和大型煤矿开采的信心。他们还补充说，政府成立了（在 2011 年是过渡型的）如今称为“煤层气和大型煤矿独立（2012 年 11 月 23 日）科学专家委员会”，确保了所有和煤层气开发相关的决策都会基于严格的科学证据，并称这将争取维持社区对这一资源开发的信心（Gillard, 2011）。

上述研究组织和委员会接二连三地成立，引发了公众和媒体的浓厚兴趣。一些评论员对这一具有前瞻性的应对措施表示欢迎，希望能建立起急需的有关煤层气的社会 - 环保事项的研究议程。尤其是鉴于许多政府部门不再有资源来从事各自的研究，只留下大学（和工业界）来填补知识缺口。然而，吸引媒体注意的不仅是工业界的资助，尽管这当然也是一大特色（Readfearn, 2013）。记者兼作家保罗·克利里在写到采掘行业和大学研究之间的关系时，称赞“煤气业社会和环境研究联盟”在决策时整合了多方利益相关者的意见并采取了透明化的治理安排，同时又批评“煤层气中心”没有这么做（Cleary, 2012a, 2012b）。除此之外，独立政府机构独立专家委员会也由于公众对利益冲突的担心而受到媒体关注，因为许多独立专家和资源行业都有着既定的关系。

先前提到的合作伙伴关系引发了诸多挑战，经常在关于私营和公共利益的合伙关系的文章中被报道，尤其是当它们和大学 - 工业界合作伙伴关系有关时。这些挑战包括研究缺乏独立性和客观性、需要提高对诚信机制的关注、问责程序和透明度、识别各方利益相关者意见在这类组织的决策层面得到体现的途径。在这里，需要采取更多行动来确定和实施一些机制，在公私部门的界限日趋模糊的有争议的研究和政策领域，加强透明度和良好治理实践。

知识产生的环境是有关联的，且日益受到严格审查。在提高和支持这些知识在公共语境中的正当性方面，有些组织发挥了重要作用（Waterton & Wynne, 2004）。正如马克·S. 弗兰克尔所指出的那样，科学和政策制定之间的关系对于科研诚信非常重要，因为这种关系在客观性和倡导等主题上引发了质疑（Frankel，2012）。以科研诚信为形式呈现的科学调查规范固然重要，但我们也必须对这类研究组织的结构、程序和身份进行调查，以确保能反映不断变化的社会预期。这是对不断变化的民主规范的承诺和领会，例如参与和审议将会支持其正当性。

科研机构、科研诚信与公众对科学的信任

在有争议的政策领域，知识生产的过程牵涉着竞争和权力，科研诚信和治理之间的纠结和关系必须进行协商（Waterton & Wynne，2004）。对有些人来说，可信度和卓越性是由个人的科研诚信和负责任科研行为所支持的，而正当性则是通过更广泛的治理来协商的（Cash 等，2003）。为了产生“社会欢迎的知识”，或可能是“值得信赖的”而不仅仅是“可靠的知识”，一些人辩称知识产生的方式必须重新定义（Nowotny 等，2001）。它必须考虑到社会因素，而不仅是仍旧超然于社会纠纷之外。

科学家作为科学－政策接口的顾问这个角色已经得到一些人的审查，例如《第五分支》的作者希拉·贾撒诺夫（Jasanoff，1994）和《诚实的经纪人》的作者小罗杰·皮尔克（Pielke，2007）。但是，在关注单个科学家之外，我们还必须调查科研组织在这种角力当中发挥的作用。由科学和技术人员所进行的研究称，机构在支持和培育公众环境中科学的正当性方面，发挥着重要作用（Miller，2004；Waterton & Wynne，2004）。需要调查这些组织中的规范、结构和程序是如何传达给知识生产的，尤其是在有争议的领域。在某种程度上，这表明需要理解公众对科学不断变化的期望及科学在当前民主程序中的作用。在这方面值得关注的是，治理如何并以什么形式帮助这类公私合作伙伴关系满足社会期望，尤其是其关系着责任性、参与性、透明度以及在树立对有争议政策领域中知识的信任方面的作用。

本章强调公私合作伙伴关系是科研生态系统中越来越突出的特色。但是，这类伙伴关系也要努力掌握好公众期望以及知识和行动之间的界限，以提高其所生产的信息的卓越性、可信度和合理性，使之变得“受社会欢迎”。这类组织有能力为政策反应提供可靠信息，并支持针对复杂问题的可持续解决方案。这些组织的架构，合伙和合作关系，其领导力、程序和身份对知识生产来说都至关重要。简而言之，科研合作伙伴关系的治理是一个关键要素，除了提供优良的科学知识用于有争议领域的决策、评估风险和平衡取舍，还维护了研究诚信和科学诚信。

参考文献

Cash, D. W., W. C. Clark, F. Alcock *et al.* (2003). Knowledge systems for sustainable development. Proceedings of *The National Academy of Sciences*, 100 (14), 8086 – 8091.

CCSG (2013). Centre for Coal Seam Gas. Available at http://www.ccsg.uq.edu.au/ (accessed on November 2013).

Cleary, P. (2012a). The hidden side of mining donations. *The Australian*. Also available at http://www.theaustralian.com.au/higher-education/the-hiddenside-of-mining-donations/story-e6frgcjx-1226445048599# (accessed on 17 March 2014).

Cleary, P. (2012b). *Mine Field: The Dark Side of Australia's Resource Rush*. Melbourne: Black Inc. Publishing.

Considine, M. and S. Marginson (2000). *The Enterprise University: Power, Governance and Reinvention in Australia*. Cambridge: Cambridge University Press.

CSIRO (2013). GISERA. Available at http://www.gisera.com.au/ (accessed on 17 March 2014).

Flinders, M. (2005). The politics of public-private partnerships. *The British Journal of Politics and International Relations*, 7 (2), 215 – 239.

Frankel, M. S. (2012). Turning up the heat on research integrity: Lessons from "Climategate." In *Promoting Research Integrity in a Global Environment*, T. Mayer and N. H. Steneck (eds.), 337 – 340. Singapore: World Scientific Publishing Co. Pte. Ltd.

Gibbons, M. (1999). Science's new social contract with society. *Nature*, 402 (6761), C81 – C84.

Gillard, J. (2011). New Focus on Scientific Evidence to Build Confidence in Coal Seam Gas and Coal Mining. Available at http://pmtranscripts.dpmc.gov.au/browse.php?did=18284 (accessed on May 2013).

GISERA (2014). Gas Industry Social and Environmental Research Alliance. Available at http://www.gisera.com.au/ (accessed on 17 March 2014).

Jasanoff, S. (1994). *The Fifth Branch: Science Advisers as Policymakers*. Cambridge, Massachusetts: Harvard University Press.

Jasanoff, S. (ed.) (2004). *States of Knowledge: The Co-Production of Science and Social Order*. London: Routledge.

Latour, B. (1993). *We Have Never Been Modern*. Cambridge, Massachusetts: Harvard University Press.

Miller, C. A. (2004). Climate science and the making of a global political order. In *States of Knowledge: The Co-Production of Science and Social Order*, S. Jasanoff (ed.). London: Routledge.

Nowotny, H. , P. Scott and M. Gibbons (2001). *Re-Thinking Science: Knowledge and the Public in an Age of Uncertainty*. Cambridge: Polity Press.

OECD (2012). Meeting Global Challenges Through Better Governance. Available at http://www.oecd.org/sti/inno/meeting-global-challenges-policy-brief.pdf (accessed on 5 November 2013).

Pielke, J. R. A. (2007). *The Honest Broker: Making Sense of Science in Policy and Politics*. London: Cambridge University Press.

Readfearn, G. (2013). Expect Scepticism over Industry Funded Gas Research. *The Brisbane Times*. Available at http://www.brisbanetimes.com.au/queensland/expect-scepticism-over-gas-industryfunded-research-20121121-29ovy.html (accessed on 5 November 2013)

Waterton, C. and B. Wynne (2004). Knowledge and political order in the European Environment Agency. In *States of Knowledge: The Co-Production of Science and Social Order*, S. Jasanoff (ed.). London: Routledge.

（余慧明　译）